U0274934

湖北省公益学术著作出版专项资金
Hubei Special Funds for Academic and Public-interest Publications

花湖机场数字建造实践与探索丛书

BIM 应用软件

刘立新　张　赣　武　恒　熊　继　著

武汉理工大学出版社

图书在版编目(CIP)数据

BIM 应用软件 / 刘立新等著. —武汉：武汉理工大学出版社, 2024.3
(花湖机场数字建造实践与探索丛书)
ISBN 978-7-5629-7017-0

Ⅰ.①B… Ⅱ.①刘… Ⅲ.①建筑设计—计算机辅助设计—应用软件 Ⅳ.①TU201.4

中国国家版本馆 CIP 数据核字(2024)第 050231 号

项目负责人：汪浪涛　　　　　　责任编辑：刘　凯
责 任 校 对：张　晨　　　　　　版面设计：博壹臻远
出 版 发 行：武汉理工大学出版社
网　　　　址：http://www.wutp.com.cn
地　　　　址：武汉市洪山区珞狮路 122 号
邮　　　　编：430070
印 刷　　者：武汉中远印务有限公司
发 行　　者：各地新华书店
开　　　　本：787mm×1092mm　1/16
印　　　　张：15.25
字　　　　数：302 千字
版　　　　次：2024 年 3 月第 1 版
印　　　　次：2024 年 3 月第 1 次印刷
定　　　　价：110.00 元

《BIM 应用软件》编写组

本书主编： 刘立新　张　赣　武　恒　熊　继

参编人员： 刘琦娟　赵　嘉　余良飞　田颖玲　张　铮

　　　　　　林　敏　熊　威　刘鸣秋　谷五芳　占　毅

　　　　　　陈　珩　陈泰文　余　达　王根叶　汪　琰

　　　　　　余　靖　郭周宇　黄　卫　余　煜　蔡　兴

　　　　　　阮江平　华国飞　方依勇　徐子尧

主编单位：

深圳顺丰泰森控股(集团)有限公司

湖北国际物流机场有限公司

BENTLEY 软件(北京)有限公司

参编单位：

深圳丰匠数科工程咨询有限公司

福建晨曦信息科技集团股份有限公司

毕埃慕(上海)建筑数据技术股份有限公司

民航机场建设工程有限公司

中天建设集团有限公司

上海宝冶集团有限公司

广州君和信息技术有限公司

审核单位：

武汉理工大学

天津大学

序　言

"智慧民航"是在党的十九大明确提出建设交通强国奋斗目标的时代背景下，遵循习近平总书记关于打造"四个工程"和建设"四型机场"的重要指示精神，经过全行业数年钻研、探索和实践，逐渐形成的战略，现已成为民航"十四五"发展的主线和核心战略。

民用机场领域的改革创新令人瞩目。2018年以来，国家民航局作出了一系列重大部署：一是系统制定行动纲要、指导意见和行动方案，指明目标和路径；二是高频发布各类导则、路线图，优化标准规范、招标规定、定额管理，为基层创新纾困解难；三是推出63个四型机场示范项目，组织机场创新研讨会、宣贯会，并召开民航建设管理工作会议，营造出浓郁的创新氛围。

鄂州花湖机场紧随行业步伐创新实践。2018年，该机场经国务院、中央军委批准立项，是第一个在筹划、规划、建设、运营全阶段贯彻"智慧民航"战略的新建机场，也是民航局首批四型机场标杆示范工程、住房和城乡建设部首个BIM工程造价管理改革试点、工信部物联网示范项目、国家发改委5G融合应用示范工程。

鄂州花湖机场智慧建造实践已取得成效。在设计及施工准备阶段，该机场深度应用BIM技术，集中技术人员高强度优化、深化和精细化建立"逼真"的数字机场模型；在施工阶段，通过人脸识别及数字终端设备定位追溯人员、车辆、机械，构建全场数字生产环境，利用软件系统及移动端跟踪记录作业过程的大数据，不但保证建成品与模型"孪生"，还强化了安全、质量、投资管理以及工人权益保障等国家政策的落实。

鄂州花湖机场智能运维的效果令人期待。该机场汇聚一大批行业内外的科研机构、科技公司及专家学者，将5G、智能跑道、模拟仿真、无人驾驶、虚拟培训、智慧安防、协同决策、能源管理等15类新技术应用到机场，创新力度大，效果可期。

为全面总结鄂州花湖机场建设管理的经验教训，参与该机场研究、建设、管理的一批人，共同策划了《花湖机场数字建造实践与探索》丛书。该丛书以鄂州花湖机场为案例，系统梳理和阐述机场建设各阶段、各环节实施数字及智能建造的路径规划、技术路线、实施标准及组织管理，体系完善，内容丰富，实操性强，可资民用机场及相关领域建设工作者参考。

希望本丛书的出版，能对贯彻"智慧民航"战略，提升我国机场建设智慧化水平，打造机场品质工程和"四型机场"发挥一定的作用。

前　言

花湖机场是全国首个采用 BIM 模型搭建、深度应用数字化建设的机场。工程中的设计图纸、标准图集、验收规范、施工方案等信息被整合到一个BIM数字模型中,其中包含建筑、民航、市政3个行业29个专业4000多个模型共计3700多万个构件的多维度信息数据库,构建出"所见即所得"的数字孪生机场。花湖机场也是国内首个一次性交付实体工程与数字模型的机场项目。其 BIM 正向实施过程包含了大量开创性、探索性工作,在国家和建筑、民航等行业大力发展 BIM 等工程数字建造技术的今天,花湖机场的建造实践无疑具有非常重要的引领、参考和借鉴意义。

数字建造的核心技术之一是 BIM,而 BIM 的实现手段之一是软件。借 BIM 技术在国内外蓬勃发展之势,BIM 相关软件品类也日益丰富。这意味着 BIM 应用有了越来越多的可用工具,但也意味着多软件的应用综合性提高,管理的复杂程度提升以及多源异构数据集成难度的加大。此外,由于目前主流 BIM 应用软件主要由国外研发,与我国建造实际水土不服的情况较为突出, 严重影响 BIM 本土化使用效果。花湖机场作为一个包含 29 个专业的复杂建设项目,涉及的 BIM 软件多达数十种,BIM 正向实施对软件应用与协同交互都提出了前所未有的高要求。为了克服 BIM 软件使用中的各种困难,机场业主、各参建方、软件开发商等团结一心、群策群力,克服了重重困难,终于摸索出一套涵盖商业 BIM 软件、定制化 BIM 插件、集成 BIM 平台三个维度的多 BIM 软件协同应用之道。项目竣工伊始,机场领导立刻带领一线参建单位、相关高校、行业内外知名专家等共同总结花湖机场 BIM 软件应用的成果及实施经验,旨在为 BIM 在建筑、民航等相关行业落地应用,以及我国国产 BIM 软件研发提供经验参考和案例借鉴。

本书共分为 6 章,首先以 BIM 以及 BIM 软件发展现状为基点,充分结合花湖机场建造的实际,全面介绍了机场建设前 BIM 软件的调研选型工作;然后系统介绍了花湖机场商业 BIM 软件应用、定制化 BIM 插件研发与应用、BIM 平台研发与应用,并对三者的经验进行系统提炼和总结;最后站在整个项目的高度,对 BIM 实施与软件应用的创新点及不足进行进一步梳理,并对未来 BIM 软件的发展进行了展望。

此外,本书的附录中详细展示了CNCCBIM OpenRoads软件在花湖机场场道工程深化设计中的应用,帮助读者对该软件的功能和应用有一个深入的了解。

鉴于工程数字建造技术还处于发展探索阶段,并受限于编者水平和编写时间,本书难免还有不少疏漏和不足之处,仍需在以后的工程实践中逐步完善,恳请读者批评指正!

目　录

1　绪　　论 ……………………………………………………………… 1

1.1　花湖机场建设背景 ………………………………………………… 1

1.2　国内外 BIM 应用现状 …………………………………………… 2

1.2.1　国外政府工程项目应用 BIM 情况 ……………………… 3

1.2.2　国内 BIM 应用情况 ………………………………………… 3

1.3　BIM 软件研发应用现状 …………………………………………… 4

1.3.1　主流 BIM 软件开发商与产品分析 ……………………… 4

1.3.2　主流 BIM 软件内核对比 …………………………………… 6

1.4　花湖机场 BIM 软件应用面临的挑战 ……………………………… 7

1.5　本书主要内容 ……………………………………………………… 8

2　花湖机场 BIM 软件选型 ………………………………………………… 9

2.1　概述 ………………………………………………………………… 9

2.2　BIM 应用目标和软件要求 ………………………………………… 9

2.2.1　BIM 应用目标 ……………………………………………… 9

2.2.2　BIM 软件要求 ……………………………………………… 10

2.3　BIM 应用软件选型 ………………………………………………… 10

2.3.1　调研团队组建 ……………………………………………… 10

2.3.2　软件分类及初选 …………………………………………… 11

2.3.3　软件评价 …………………………………………………… 12

2.4　软件调研结果小结 ………………………………………………… 17

3　花湖机场商业 BIM 软件应用 ………………………………………… 19

3.1　概述 ………………………………………………………………… 19

3.2　花湖机场主要 BIM 建模软件及应用 …………………………… 20

3.2.1　MicroStation 及其在花湖机场的应用 ………………… 21

3.2.2　Revit 及其在花湖机场的应用 …………………………… 34

3.2.3　CNCCBIM OpenRoads 及其在花湖机场的应用 ……… 43

3.2.4　OpenBuildings Designer 及其在花湖机场的应用 …… 47

3.2.5 Tekla 及其在花湖机场的应用 ··· 51

3.2.6 ProStructures 及其在花湖机场的应用 ································· 53

3.2.7 晨曦 BIM 钢筋建模软件 ··· 57

3.3 花湖机场主要 BIM 应用软件及应用 ····································· 60

3.3.1 Navigator 及其在花湖机场的应用 ································· 60

3.3.2 Navisworks 及其在花湖机场的应用 ···························· 64

3.3.3 Fuzor 及其在花湖机场的应用 ····································· 65

3.3.4 LumenRT 及其在花湖机场的应用 ································ 66

3.4 花湖机场 BIM 软件应用总结 ··· 68

3.4.1 模型—现实差异控制策略 ··· 68

3.4.2 复杂海量构件高效精确建模策略 ································· 69

3.4.3 多源异构模型数据交互策略 ·· 70

4 花湖机场定制化 BIM 插件研发与应用 ·· 72

4.1 概述 ·· 72

4.2 花湖机场定制化建模辅助类工具 ·· 72

4.2.1 道面分块工具 ·· 72

4.2.2 弧形汽车坡道钢筋建模工具 ·· 76

4.2.3 钢结构 Tekla-Revit 交互建模软件(TTR)工具 ············· 85

4.2.4 晨曦钢筋调整工具 ·· 91

4.3 花湖机场定制化属性管理类工具 ·· 95

4.3.1 钢结构 Tekla-Revit 参数属性转换工具研发 ·················· 95

4.3.2 基于 Dynamo 的模型属性添加查看工具 ····················· 100

4.3.3 Revit 软件编码工具研发 ·· 107

4.3.4 Bentley 软件编码工具研发 ··· 116

4.4 花湖机场工具类插件研发总结 ··· 122

5 花湖机场 BIM 平台研发与应用 ·· 124

5.1 概述 ··· 124

5.1.1 BIM 平台建设的业务目标 ·· 125

5.1.2 平台建设的技术目标 ··· 125

5.1.3 平台建设的系统目标 ··· 126

5.2 平台总体设计 ··· 126

5.2.1 平台设计思路 ·· 126

5.2.2 平台关键功能性需求 ··· 126

5.2.3 平台核心业务逻辑与架构设计 …………………………………… 127

5.2.4 平台设计要点 ……………………………………………………… 127

5.3 BIM 平台核心功能设计 ……………………………………………… 130

5.3.1 数字化设计与模型管理 …………………………………………… 130

5.3.2 数字化进度管理 …………………………………………………… 134

5.3.3 数字化质量管理 …………………………………………………… 138

5.3.4 数字化造价管理 …………………………………………………… 143

5.3.5 数字化安全与风险管理 …………………………………………… 150

5.3.6 工程检测管理 ……………………………………………………… 154

5.3.7 工程资金监管 ……………………………………………………… 158

5.4 BIM 平台应用总结 …………………………………………………… 160

第 6 章 结论与展望 ……………………………………………………… 162

6.1 花湖机场 BIM 应用特点归纳 ………………………………………… 162

6.2 BIM 软件应用创新点总结 …………………………………………… 162

6.2.1 BIM 软件应用以按模施工为导向 ………………………………… 162

6.2.2 BIM 软件应用支撑数字化质量验评 ……………………………… 163

6.2.3 BIM 软件应用满足计量支付要求 ………………………………… 163

6.2.4 BIM 软件应用与工程变更联动 …………………………………… 164

6.3 BIM 软件应用存在的问题 …………………………………………… 165

6.4 BIM 应用的展望 ……………………………………………………… 166

6.4.1 与 PDM、PLM 理念融合 ………………………………………… 166

6.4.2 助力工业软件研发 ………………………………………………… 167

6.4.3 促进 BIM-AODB 软件系统的耦合进化 ………………………… 167

参考文献 ………………………………………………………………… 169

附录 1 花湖机场 BIM 软件推荐清单 ………………………………… 170

附 1.1 BIM 建模软件推荐清单 ………………………………………… 170

附 1.2 BIM 应用软件推荐清单 ………………………………………… 172

附录 2 基于 CNCCBIM OpenRoads 的花湖机场

场道工程 BIM 建模案例详解 ………………………………… 176

附 2.1 案例背景 ………………………………………………………… 176

附 2.2 CNCCBIM OpenRoads 使用前准备工作 ……………………… 176

附 2.2.1　创建工作环境 ………………………………………… 176

附 2.2.2　工作空间托管 ………………………………………… 187

附 2.3　CNCCBIM OpenRoads 场道工程建模详细过程 ……………… 198

附 2.3.1　地形模型创建 ………………………………………… 198

附 2.3.2　跑道中心线路线设计 ………………………………… 202

附 2.3.3　纵断面设计 …………………………………………… 207

1 绪 论

1.1 花湖机场建设背景

鄂州花湖机场(以下简称花湖机场)为湖北省一号工程,同时也是亚洲第一座、世界第四座专业货运机场。花湖机场的总体定位为"货运枢纽、客运支线、公共平台、货航基地",花湖机场近期按 2030 年预测年旅客吞吐量 150 万人次、货邮吞吐量 330 万 t、飞机起降量 9 万架次进行设计;远期按 2050 年预测旅客吞吐量 2000 万人次、货邮吞吐量 908 万 t、飞机起降量 27 万架次进行规划,机场工程本期飞行区等级指标为 4E,建设东、西 2 条远距平行跑道及滑行道系统,跑道长 3600 m,宽 45 m,跑道间距 1900 m;建设 1.5 万 m² 的航站楼,2.4 万 m² 的货运用房,153 个机位的站坪,配套建设空管、消防救援、供水供电等设施。远期在东跑道东侧按照 4E 标准建设第三跑道,长 3600 m,宽 45 m,道肩宽 7.5 m,且满足 B747-8 运行要求。可以说,花湖机场的建成具有重要的国际影响力和战略价值。

作为一个客货运兼备,以货运为主的机场,花湖机场建设具有体量巨大、参与方众多、涉及专业面广的特点。花湖机场工程一期占地约 1189 万 m²,主要包括机场工程、转运中心工程、顺丰航空基地工程和供油工程等单项工程(图 1-1)。其中仅机场工程就包含了 11 个大项、44 个子项工程,部分工程如图 1-1 所示。因此,花湖机场项目建设的质量、成本、进度等目标要求比传统机场项目要严格得多,而 2020 年的突发情况更是给机场建设带来了前所未有的巨大困难,为了在严峻的条件下圆满完成机场建设任务,必须尽最大努力实现各专业、各阶段的高度协同。显然,传统以粗放式、低效率、碎片化为特征的机场建设管理模式无法满足花湖机场建设需求,必须采用精细化、高效率、集成化的建造管理新模式,即以 BIM 为核心的数字建造模式。花湖机场 BIM 正向实施,既是项目建设目标实现的前提,更是 BIM 技术在民航机场项目应用的重要案例,具有显著的理论与实际意义。

BIM(Building Information Modeling)即建筑信息模型,指的是包含建筑物全部信息的模型系统。美国 BIM 国家标准(NBIMS)对 BIM 的定义为:①BIM 是一个设施(建设项目)物理和功能特性的数字表达;②BIM 是一个共享的知识资源,是一个分享有关这个设施的信息,为该设施从概念到拆除的全生命周期内的所有决策提供可靠依据的过程;③在设施的不同阶段,不同利益相关方通过在 BIM 中插入、提取、更新和修改信息,以支持和反映其各自职责的协同作业。我国《建筑信息模型施工应用标准》(GB/T 51235—2017)指出,BIM 应包含两层含义:①建设工程及其设施物理和功能特性的数字化表达,在建筑工程及其设施的全生命期内提供共享的信息资源,并为各种决策提供基础信息(与 NBIMS 一致);②BIM 的创建、使用和管理全过程。BIM 集成了建筑各元素的信息以及建筑生命周期内的信息,使其能够支撑规划、设计、建造、维护各阶段的各项任务,实现建筑全生命期各阶段的信息高效集成流转。作为新一代设计理念和技术,BIM 技术已被国外诸多著名的建筑、结构、施工公司在项目中成功应用,是设计行业继计算机辅助设计(CAD)后的第二次设计革命。

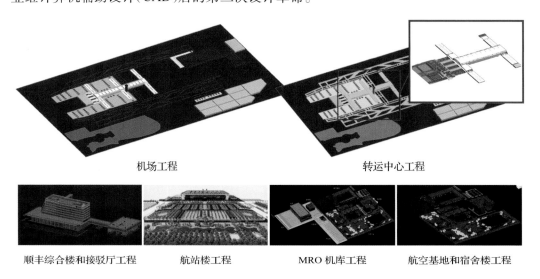

机场工程 转运中心工程

顺丰综合楼和接驳厅工程 航站楼工程 MRO 机库工程 航空基地和宿舍楼工程

图 1-1 花湖机场部分重大单项工程示意

民航行业 BIM 应用起步较晚,国内主要应用在航站楼的建设中,由于没有全方位应用在民航特色领域,BIM 技术在民航的推广较落后,随着"十三五""十四五"规划要求进一步加强国内数字信息化建设,民航局于 2022 年初发布了《中国民用航空局关于印发智慧民航建设路线图的通知》(民航发〔2022〕1 号)(以下简称《通知》),《通知》针对民航数字化、BIM 技术应用等做了分析指导,尤其针对智慧航空运输做了阐述,以智慧出行、智慧空管、智慧机场、智慧监管为抓手,强调了 BIM 对于智慧航空运输的支撑作用。然而,目前 BIM 在机场全专业应用的案例非常欠缺,显然,一套基于复杂机场的全面、先进、创新的 BIM 全过程正向实施实践,是将《通知》的要求真正贯彻和落地的重要助力。

1.2 国内外 BIM 应用现状

BIM 是 21 世纪初出现的一项新技术,正在引发工程建设行业一次史无前例的彻底变革,引领其信息技术走向更高的层次。自从 21 世纪初 BIM 引入工程建设行业,已经在全球范围内得到业界的广泛认可。BIM 在美国、英国、德国、法国、日本、韩国、新加坡等国家的发展和应用都达到了一定水平,被誉为建筑业变革的革命性力量。全球化进程越来越快,了解 BIM 在国内外工程设计中的应用状况,对我国的 BIM 发展有着重要的借鉴意义。

1.2.1 国外政府工程项目应用 BIM 情况

由于政府工程项目投资主体的特殊性,其实施 BIM 的诉求与其他工程项目有所不同,会受政治体制和政治文化、本地市场及产业发展水平、国家信息化战略模式等的影响。

(1)新加坡政府工程项目 BIM 实施的方法、机制和过程

新加坡政府工程项目 BIM 实施由新加坡建设局(BCA)负责,其方法、机制和过程是对新加坡政府建筑行业信息化管理电子政务项目系统(CORENET)的延续,逐步强化 BIM 技术在系统中的作用,进而确定了以 BIM 为主要实施对象和内容的业务模式。

(2)美国联邦总务署(GSA)基于信息化管理的全国 3D-4D-BIM 计划

美国联邦总务署(GSA)下设的公共建筑管理局(PBS)负责"国家 3D-4D-BIM 计划项目"的实施。为了保证项目顺利进行,GSA 在应用价值、示范项目、人才建设、软硬件、标准等方面制定了一系列的保障措施。

(3)英国内阁办公室颁布"政府建设战略"

英国 BIM 应用的主要指导文件是内阁办公室颁布的"政府建设战略",其对英国 BIM 应用的总体目标和阶段实施计划做出了明确的规划。为了确保 BIM 产业链上不同专业、不同成员之间的协同工作,英国政府将标准制定作为 BIM 应用的重点。

从上述 3 个国家的 BIM 实施经验可以看到,政府工程项目在实施 BIM 的过程中,要有非常明确的目标,要建立一个开放的信息化服务平台和信息标准体系,并把政府决策、项目执行、过程监管及业务咨询四个角色与 BIM 实施结合在一起,固化到平台的流程中。

1.2.2 国内 BIM 应用情况

(1)国家建设部的指导意见

2015 年,国家建设部在研究制定的《关于推进建筑信息模型应用的指导意见》(以下简称《指导意见》)中指出,要充分认识 BIM 技术在建筑领域应用的重要意义,要以我国工程建设法律法规、工程建设标准为依据,坚持科技进步和管理创新相结合,通过 BIM 技术的普及应用和深化提高,保障工程项目全生命期内工程质量安全及提高各方工作效率,提升建筑行业创新能力,加快转变发展方式和管理模式,确保工程建设安全、优质、经济、环保。

在BIM应用工作重点方面，《指导意见》要求，建设单位要全面推行工程项目全生命期、各参与方的BIM技术应用，实现项目规划、设计、施工及运维各阶段基于标准的信息共享，降低投资和运营风险。鼓励大型项目的建设、设计、施工、监理、运维等各方主体充分应用BIM技术；招投标代理、造价咨询、审图机构、供应商、质量检测单位、质监部门、城建档案馆等其他相关方根据实际需要积极应用BIM技术。

（2）BIM在工程建设行业应用状况概述

BIM技术的价值在中国工程建设行业已得到广泛认可，在一些工程建设项目中也得到了积极应用，且应用范围正在不断扩展。总体来说，虽然中国BIM应用的整体水平还处于启动阶段，但是在中国工程建设行业产业升级的大背景下，BIM应用的政策环境、技术环境、市场环境等都将得到极大的改善，未来几年BIM技术将迎来高速发展时期。

（3）BIM在地方城市应用状况概述

2014年2月，北京市规划委员会和北京质量技术监督局正式颁布了《民用建筑信息模型设计标准》，这是中国第一部正式颁布的BIM实施标准，对全国民用建筑的BIM标准编制具有极强的引导和示范作用，也体现了BIM实施标准先行的基本理念。

2014年10月底，上海市人民政府办公厅发布了[沪府办发（2014）58号]文件，明确提出了分阶段、分步骤推进BIM技术试点和推广应用的目标：到2016年底，基本形成满足BIM技术应用的配套政策、标准和市场环境，上海市主要设计、施工、咨询服务和物业管理等单位普遍具备BIM技术应用能力。到2017年，上海市规模以上政府投资工程全部应用BIM技术，规模以上社会投资工程普遍应用BIM技术，应用和管理水平走在全国前列。

2014年底，广东省住房和城乡建设厅发布粤建科函〔2014〕1652号文件，对BIM技术的应用情况做出了明确的规定：到2014年底，启动10项以上BIM技术推广项目建设；到2015年底，基本建立广东省BIM技术推广应用的标准体系及技术共享平台；到2016年底，政府投资的2万 m² 以上的大型公共建筑，以及申报绿色建筑项目的设计、施工应当采用BIM技术，省优良样板工程、省新技术示范工程、省优秀勘察设计项目在设计、施工、运营管理等环节普遍应用BIM技术；到2020年底，广东省建筑面积2万 m² 及以上的建筑工程项目普遍应用BIM技术。

1.3　BIM 软件研发应用现状

1.3.1　主流 BIM 软件开发商与产品分析

BIM应用需要BIM软件的支持。国内外BIM应用软件种类繁多，按照BIM应用软件的应用范围可以将软件分为建模类、分析类、运维平台类等。国内外核心主流BIM软件见图 1-2。各软件的特点归纳如下。

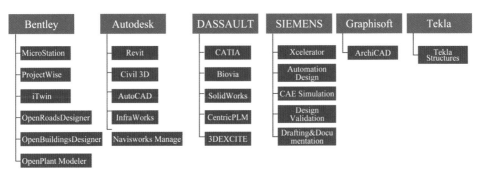

图 1-2　核心主流 BIM 软件

（1）Bentley 公司 BIM 软件

Bentley 的 BIM 软件在基础设施（道路、桥梁、机场、市政、水利等）建设领域占据领导地位，有着得天独厚的优势，其软件特点是以 MicroStation 为建模核心，各专业软件协同建模，输出格式统一便于交付给下游专业。Bentley 公司有将近 400 款专业 BIM 软件，包含建模、分析、可视化等多个 BIM 应用领域。

（2）Autodesk 公司 BIM 软件

Autodesk 公司的 Revit 建筑、结构和机电系列在国内民用建筑市场上占领了大部分市场份额，其中基于 Revit 的二次开发插件遍布全球，如果是单体建筑的 BIM 应用非它不可。

（3）DASSAULT 公司 BIM 软件

DASSAULT 公司的 CATIA 产品是全球最高端的机械设计制造软件，在航空、航天、汽车等领域占据垄断地位，且其建模能力、表现能力和信息管理能力均比传统建筑类软件更具明显优势，但其与工程建设行业尚未能顺畅对接，这是其不足之处。

（4）SIEMENS 公司 BIM 软件

西门子公司是全球电子电气工程领域的领先企业，旗下的工厂、制造业产品也在最近几年全球数字化建设中崭露头角，西门子 BIM 软件在高铁列车电气分析，汽车、飞机发动机性能分析中表现不俗。

（5）Graphisoft 公司 BIM 软件

Graphisoft 公司的 ArchiCAD 在 BIM 建筑领域有先天的优势，其设计习惯、建模风格与国内建筑师的建筑思想相一致。如果只是建筑类 BIM 设计，ArchiCAD 更符合设计者的要求。

（6）Tekla 公司 BIM 软件

Tekla 公司的钢结构设计软件在国内钢结构建设领域有着不俗的表现，产品定位清晰，建模效率高，并且钢结构建模可以与后期的加工设备相匹配，如果只是单纯的钢结构设计可以采用 Tekla 软件来完成。

上述的各种软件在功能及核心产品架构上各有侧重,适用于不同的场景和需求。例如,Bentley 应用软件是基于三个内核的软件平台,适用于大体量模型承载、数据结构不一的情况,西门子的 PLM 流程制造软件对 PLM 相关工作有较好的支撑;建筑行业 BIM 建模以 Autodesk、Graphisoft 公司为代表的软件应用较广,而复杂异形曲面构件及曲面幕墙建模需求可以采用 DASSAULT 公司的软件。

1.3.2 主流 BIM 软件内核对比

绝大多数 BIM 软件都需要三维几何内核(简称内核)支持三维模型的展示与编辑。三维几何内核是对三维模型最终外形的函数描述。BIM 软件常用的内核包括 ACIS 和 Parasolid 两种。

(1)ACIS 内核

ACIS 是美国 Spatial Technology 公司的产品,是应用于 CAD 系统开发的几何平台。它提供从简单实体到复杂实体的造型功能,以及实体的布尔运算、曲面裁减、曲面过渡等多种编辑功能,还提供了实体的数据存储功能和 SAT 文件的输入、输出功能。

ACIS 的特点是采用面向对象的数据结构,用 C++编程,使得线架造型、曲面造型、实体造型可以任意灵活组合使用。线架造型仅用边和顶点定义物体;曲面造型类似线框造型,只不过多定义了物体的可视面;实体造型用物体的大小、形状、密度和属性(质量、容积、重心)来表示。ACIS 的重要特点是支持线框、曲面、实体统一表示的非正则形体造型技术,能够处理非流形形体。

ACIS 产品使用软件组件技术,用户可使用所需的部件,也可用自己开发的部件来替代 ACIS 的部件。ACIS 产品包括一系列的 ACIS 3D Toolkit 几何造型和多种可选择的软件包,一个软件包类似于一个或多个部件,提供一些高级专业函数,可以单独出售给需要特定功能的用户。

(2)ParaSolid 内核

ParaSolid 是一个几何建模内核,最初由 Shape Data Limited 开发,现在由 Siemens PLM Software(前身为 UGS Corp)拥有,同时又被 Bentley 公司购买。

ParaSolid 的功能包括模型创建和编辑实用程序,如布尔建模操作、特征建模支持、高级曲面设计、加厚和挖空、混合和切片以及图纸建模;具有用于直接模型编辑的工具,包括逐渐变细、偏移、几何替换以及通过自动再生周围数据来移除特征细节。ParaSolid 提供广泛的图形和渲染支持,包括隐藏线、线框和绘图、曲面细分和模型数据查询。

ParaSolid 是一个由严格边界表示的实体建模模块,它支持实体建模、通用的单元建模和集成的自由形状曲面/片体建模,具有较强的造型功能。

（3）ACIS 和 Parasolid 两种内核对比

二者的主要特征及区别如表 1-1 所示。

表 1-1　BIM 三维几何内核对比

内核	开发者	特点及优势	典型软件	注释
ACIS	Spatial Technology	对于平面造型的、比较简单的三维模型,使用该内核能节省计算资源和存盘空间	AutoCAD、CATIA、PRO/E、Abaqus 等	以平面造型为主
ParaSolid	UGS	对造型复杂、碎面较多的实体具有优势	Bentley、SolidWorks、Ansys、Comos 等	最成熟,应用较广泛的几何造型内核

1.4　花湖机场 BIM 软件应用面临的挑战

虽然已经有众多政策极大推动了 BIM 技术工程建设领域的应用,BIM 系列软件的种类日渐丰富且功能日益强大,然而花湖机场作为一个大型复杂项目,其 BIM 应用仍然面临诸多挑战。具体到软件部分,面临的挑战主要是:多种类软件的协同交互;多样化软件功能的扩展优化;多结构信息数据的集成管理。

（1）多种类软件的协同交互

作为一个大型复杂项目,花湖机场建设既包含场道工程、空管工程、航油工程等民航特色工程,同时又包含了市政工程中的道路、桥梁、给排水等市政工程,每类专业和工程使用的 BIM 软件不尽相同。例如,场道、市政标段多使用 Bentley 系列软件,而房建标段多采用 Autodesk 系列软件;甚至飞行区建筑在设计阶段采用的是 OpenBuildings Designer 软件,而在深化设计阶段采用的 Revit 软件。因此,如何保障各专业、各阶段、各类型的 BIM 软件能协同工作,成为花湖机场 BIM 软件应用必然面临的巨大挑战。

（2）多样化软件功能的扩展优化

现有 BIM 软件的功能仅仅能满足用户的一般需求,对于特定场景、特定任务下的个性化需求往往难以满足。花湖机场体量较大,专业众多,建造过程中 BIM 正向实施应用的深度与广度都显著高于传统项目,必将产生大量的,软件功能无法满足的个性化需求;此外,由于目前主流 BIM 软件是基于国外的建造行业背景研发的,与国内建筑行业工作习惯差异较大,客观要求国内用户要对软件的部分功能进行改良才能提升使用效率。因此,对现有软件功能的扩展与改良,成为花湖机场 BIM 软件应用中又一项挑战。

（3）多结构信息数据的集成管理

花湖机场建设过程中推行 BIM 正向实施，客观上要求采用以 BIM 数据为底盘，集成设计、施工、运维全阶段数据信息，以信息流与业务流高度融合为特征的工作模式，用以帮助项目参与方及时获取信息和自由添加信息，提高工作效率和工程质量。作为一个包含 29 个专业的复杂工程，花湖机场在施工过程中将产生结构化、半结构化和非结构化的多元异构数据，并且这些数据往往与具体业务流程耦合，数据管理难度巨大。因此，如何管理各专业、各阶段、各载体产生的各类数据，保证数据能够高效、稳健、安全地支撑项目全过程的实施，是花湖机场 BIM 软件应用的第三项挑战。

1.5　本书主要内容

本书以鄂州花湖机场数字化建造为抓手，详细阐述了设计阶段、施工深化阶段、运营维护阶段等各时期基于软件的数字化应用，从数字化建模到二次开发，每一个章节都体现了数字化建造的魅力。具体内容如下：

本书第一章在分析 BIM 研究与应用背景的基础上，对 BIM 软件国内外现状进行了综述，解析国内外主流 BIM 软件的特征，并通过政府项目视角对 BIM 应用软件进行了梳理，让读者不仅仅对国内政策有认识，也可对国际 BIM 形势进行初步判断。

第二章结合花湖机场 BIM 应用目标和软件要求，系统地介绍了花湖机场软件选型的整个过程。通过选型工作，花湖机场 BIM 正向实施在总体高度统一了不同专业可用软件的标准、版本号等信息，避免了不同参建方随意选择软件导致的 BIM 数据无法交互的问题。本章内容可以为读者在其他项目软件选型方面提供指导和借鉴。

第三章具体展示了 BIM 建模、BIM 应用两类共 11 款商业软件在花湖机场的应用，并总结归纳了花湖机场软件应用中遇到的主要问题及解决方案。此外，每款软件都附上了相关学习资料的链接，供有系统学习软件操作需求的读者进行参考。

第四章聚焦花湖机场建造的特有需求，着重讲解了不同 BIM 软件的定制化二次开发应用，并对定制化 BIM 插件研发的实践经验进行了小结。

第五章以花湖机场建造过程中的 EPMS 平台为对象，系统介绍了平台的建设目标、总体设计、功能设计，并对平台的研发工作进行了总结。

第六章对花湖机场 BIM 及 BIM 软件应用的经验和教训进行了总结，并对 BIM 未来的应用进行了展望。

2 花湖机场 BIM 软件选型

2.1 概述

目前 BIM 相关软件种类繁多,各项软件的特点优势、适用阶段、服务专业、数据格式等差别较大,若由各参建方任意选择软件,势必会由于数据格式的兼容性问题导致跨软件的信息协同无法实现。为了防止这类问题的出现,在项目筹备阶段,花湖机场项目组采取了自上而下软件选型工作,即首先确定 BIM 应用目标,然后结合业务需求明确软件要求,最后对现有主流软件进行调研和评价,最终形成标准化的软件推荐清单。通过这种方式实现了 BIM 应用目标—工程建设业务—软件工具的贯通,为 BIM 实施落地奠定了坚实基础。

2.2 BIM 应用目标和软件要求

2.2.1 BIM 应用目标

结合上一节对花湖机场项目特点的分析,花湖机场 BIM 应用可以分解为以下 4 个目标。

(1)充分的信息共享

项目各阶段、各参与方必须实现最大程度的协同和信息共享,以充分发挥各专业的优势,消除跨阶段的信息交流界面,避免因信息传递错误或信息不对称造成项目建造中出现影响进度、质量、成本、安全等目标的各项问题。

(2)基于 BIM 的信息管理

项目建造过程中的各项信息必须来源于稳定、统一的 BIM 模型,从而保证项目实施过程中信息的统一性,实现优质的 BIM 模型促进优质信息管理,进而保证项目目标实现的目的。

(3)数据驱动建造

在项目实施过程中必须实现物理空间和虚拟空间的融通,以构建物理空间与虚拟空间之间的信息捷径,采用数字驱动的智能建造模式,提升建造效率。

（4）支撑后期运维

作为"四型机场"标杆的花湖机场,必须将项目建造与项目运维统筹考虑,为了实现智慧机场的目标,必须构建一个包含机场物理和功能信息的数字孪生模型,为运维阶段提供信息支撑。

2.2.2　BIM 软件要求

为了实现花湖机场 BIM 应用目标,选择的 BIM 相关软件必须满足以下要求:

①综合考虑机场工程的长期发展目标、BIM 整体实施步骤和方法,以及项目近期 BIM 实施的需求;

②BIM 软件需遵循共同的数据交换标准,在机场工程全生命期内可实现数据/模型/应用等不同层面的交换互操作;

③BIM 软件的数据格式标准兼容,成果可整合互用;

④符合机场工程范围广、模型容量大等特点;

⑤符合机场工程场道、助航灯光等专业特色;

⑥市场占有率靠前、用户基础好;

⑦软件操作简便、用户界面人性化;

⑧考虑到同一款 BIM 软件不同版本可能存在数据流转问题,所以在项目前期对于特定的软件(如 Revit 等)必须明确本项目所使用的软件版本;

⑨BIM 软件应为市场上技术成熟、采购服务供应充分且供应商生命周期长的软件。

2.3　BIM 应用软件选型

目前国内外 BIM 软件种类繁多且功能各异,为了评估各类软件对 BIM 应用目标的支撑程度,必须对 BIM 应用软件进行充分调研,系统总结软件对各阶段、各专业、各参与方的支撑程度,从而形成符合项目建造要求的软件推荐方案,为项目参与方软件选用提供指导。为了实现这一目标,花湖机场组建了专业的调研团队,对 BIM 软件进行选型。整个工作流程如图 2-1 所示。

2.3.1　调研团队组建

项目调研团队由花湖机场建设单位牵头,与 BIM 咨询单位共同组建。其中建设单位充分了解花湖机场的项目需求,并能对计算机、软件方面进行专业把控;BIM 咨询单位具有丰富的 BIM 实施与咨询经验,二者的有机结合有利于提升调研的针对性。此外,由建设单位牵头的调研可以保证调研对象,尤其是作为项目参与方的调研对象的配合,有助于保障调研顺利实施。

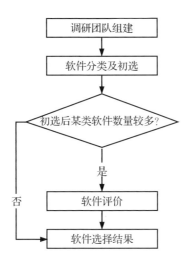

图 2-1　BIM 软件选型工作流程

2.3.2　软件分类及初选

由于 BIM 软件千差万别,要对目前市场上的所有 BIM 软件进行评价是不可能的,因此需要按照一定的方式对软件进行分类,根据每一个类别先初选部分软件。这样做一方面可以保证软件选择的系统性,另一方面可以对每一类软件中选择出的合适的调研对象进行评估,从而提升评价结果的准确性。

目前 BIM 软件大概可以分为两类:BIM 建模软件和 BIM 应用软件。两类软件的差异较大,因此采用了不同的分类方式。对于 BIM 建模软件,结合花湖机场的专业类别,共分为总图、地形、地质岩土、场道、助航灯光、建筑与装修、结构、幕墙专业、给排水与电气、暖通、市政、工业管线、道路及道面、综合管廊 14 个大类;对于 BIM 应用软件,结合花湖机场项目的应用点,按策划与规划阶段、方案设计阶段、初步设计阶段、施工图设计阶段、竣工验收阶段 5 个阶段细分为包括场地分析、土方开挖分析、结构分析、施工模拟等在内的 31 个小类。

软件的初选通过调研现有设计、施工、造价、监理等机场建设相关单位、国内外知名 BIM 软件供应商,以及应用了 BIM 技术的机场项目,由调研小组汇总调研结果。其中 BIM 建模软件按照专业、类型、软件及版本、软件公司名称进行汇总;而 BIM 应用软件按照应用阶段、基本应用点、软件及版本、软件公司名称进行汇总。需要注意的是,考虑到同一款 BIM 软件不同版本可能存在数据流转问题,所以在项目前期对于特定的软件(如 Revit 等)必须明确本项目所使用的软件版本。例如,对于建筑与装修类软件,相关的汇总结果如表 2-1 所示。

表 2-1　建筑与装修类软件汇总结果

专业	类型	软件及版本	软件公司名称
建筑与装修专业	常规建模	Autodesk Revit 2017 版	Autodesk 公司
		Autodesk Revit 2018 版	Autodesk 公司
		Autodesk Revit 2019 版	Autodesk 公司
		MicroStation CONNECT Edition Update14 版	Bentley 公司
		MicroStation CONNECT Edition Update10 版	Bentley 公司
		OpenBuildings Designer CONNECT Edition 版	Bentley 公司

2.3.3　软件评价

对软件进行分类及初选后,基本明确了花湖机场每个类别的软件选择范围。然而,在某些类别中,如建模类软件,还存在软件数目较多的情况(大于或等于 5 个),此时需要对每类软件进行详细评估,以进一步压缩软件范围,遴选出少数最为适用于机场 BIM 应用需求的软件。为此需要建立一套评价指标体系,并基于该体系对软件进行量化评分。本项目评价指标的选取充分结合 BIM 软件应用要求,遵循全面性(评价指标要涵盖对象的主要特征)、层次性(评价指标的组织有一定的从属关系)、独立性(同一层次不同的评价指标之间相互独立)、定性与定量相结合(既有定性指标也有量化指标)的原则,通过查阅相关文献和调查报告,结合花湖机场的 BIM 软件应用目标,确定了 5 大类共 11 个指标的评价指标体系,如图 2-2 所示。需要注意的是,该指标只反映了花湖机场的软件选择要求,对于其他项目,应结合项目具体情况另行制定评价指标体系。

(1)符合性指标

符合性指标考察的是软件对相应专业与建造阶段的匹配程度。当给定了特定阶段或流程时,某款软件的符合性越好,则其越适合被推荐在此流程或阶段使用。符合性指标共包含 3 个二级指标:项目符合性、专业符合性与跨标段符合性。其中项目符合性反映的是软件与机场的长期发展目标、BIM 整体实施步骤和方法以及项目近期 BIM 实施的需求的结合程度;专业符合性是指软件对某专业 BIM 应用的符合性,如场道专业需要考虑软件对大模型的支持,助航灯光专业需要考虑软件在绘制复杂线管方面的功能;跨标段符合性是指存在关联关系的标段其软件类型的匹配程度,该特性将决定边界确认等工作的效率、效果。

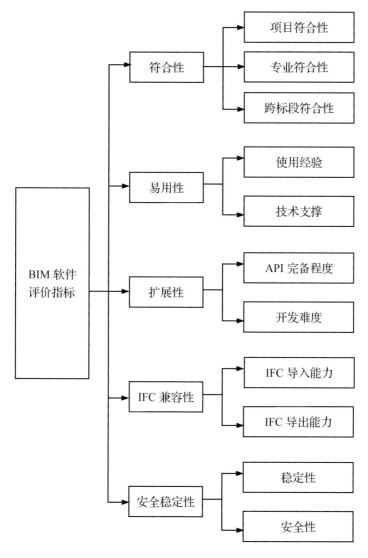

图 2-2　软件评价指标体系

（2）易用性指标

易用性指标考察的是软件操作是否简便、用户界面是否人性化方面的特性。由于不同的专业惯用的软件不同，对特定专业推荐其熟悉的软件，可以显著降低学习成本，提升 BIM 使用效率。易用性指标包括使用经验和技术支撑两个二级指标。其中使用经验是特定软件在特定专业参与方的使用时间与普及程度，使用时间越长，普及范围越广的软件，一般来说拥有较高的市场占有率及良好的用户基础；技术支撑是指相关软件功能操作上的技术支持可获得性，BIM 软件应为市场上技术成熟、采购服务供应充分且供应商生命周期长的软件。

（3）扩展性指标

扩展性指标反映的是软件功能的可自定义和可二次开发的程度。由于花湖机场的特殊性，其很多需求在现有软件中并不存在对应功能（例如，CMCCBIM OpenRoads 中并无场道工程中的坡道分块功能），因此对软件的二次开发有较高的要求。扩展性指标包括两个二级指标：API 完备程度和开发难度。其中 API 的完备程度是指应用程序接口（API）所开放的功能类型和数量，其功能类型越多，则认为该 API 越完备。开发难度是指调用 API 进行开发的难易程度，一般认为 API 的案例和帮助文件越丰富，开发所需编程语言学习及编程难度越低，则开发难度越低。

（4）IFC 兼容性指标

由于鄂州花湖机场参与专业和标段众多，BIM 软件及模型数据格式各异，且边界确认、合模等工作要求各类模型能够高效互导。然而现有研究表明，不同开发商的 BIM 数据格式直接互导，极易导致数据丢失的情况。较为常见的方法是将软件格式统一转化为工业基础类（Industrial Foundation Class，IFC）文件，使得不同数据格式的软件可以进行交互，因此对 IFC 的兼容性反映了 BIM 软件对数据/模型/应用等不同层面的交换和互操作的能力。IFC 兼容性指标包括两个二级指标：IFC 导入能力和 IFC 导出能力。其中 IFC 导入能力是指软件读取、加载、解析、显示 IFC 文件的能力，IFC 导出能力是指软件将信息无损导出到 IFC 文件中的能力。

（5）安全稳定性指标

安全稳定性指标反映了软件操作的稳定性和数据安全性。花湖机场 BIM 正向实施决定了每个过程、标段和参与方都会有大量的建模工作，如果软件经常崩溃，势必会为建模工作带来巨大的困难；另一方面，由于花湖机场是一项关系重大国计民生的战略工程，其数据安全的重要性也不言而喻。安全稳定性指标包含两个二级指标：稳定性与安全性。稳定性是指软件使用过程中较为稳定，不容易发生崩溃，以及崩溃后对当前工作的恢复容易。安全性是指软件的数据安全性，该属性对平台类 BIM 软件来说非常重要。

调研团队制定了软件评分表（表 2-2），该表采用了李克特 5 级量表的形式，每个指标的标度从 A 到 E 分别表示最差到最好 5 个水平。为了让受访者正确理解问题的含义，问卷并未采用直接对软件各项指标评分的方式，而是将指标转化为问题，从而保证受访者能透彻理解每个指标的含义，且得到他们的真实回答。

表 2-2　新建湖北鄂州民用机场工程 BIM 软件评分表

时间	
调研单位性质	□建设单位　□设计单位　□施工单位　□监理单位　□造价咨询单位 □BIM 咨询单位　□软件供应商　□总包单位　□其他(请注明):

软件名称		版本号	

评分依据	□自用经验　□网络调查　□专家访谈

1.我认为该软件满足本项目 BIM 的应用目标和要求。( )
A.非常不同意　B.较为不同意　C.介于不同意和同意之间　D.较为同意　E.非常同意

2.该软件是我所在专业常用的 BIM 软件。( )
A.非常不同意　B.较为不同意　C.介于不同意和同意之间　D.较为同意　E.非常同意

3.这款软件可解析关联标段的 BIM 文件,其导出的格式也可为关联标段解析。( )
A.非常不同意　B.较为不同意　C.介于不同意和同意之间　D.较为同意　E.非常同意

4.我单位 BIM 人员已经熟练掌握这款软件。( )
A.非常不同意　B.较为不同意　C.介于不同意和同意之间　D.较为同意　E.非常同意

5.这款软件的技术支持较容易获得。( )
A.非常不同意　B.较为不同意　C.介于不同意和同意之间　D.较为同意　E.非常同意

6.这款软件的应用程序接口(API)支持各类功能扩展。( )
A.非常不同意　B.较为不同意　C.介于不同意和同意之间　D.较为同意　E.非常同意

7.对这款软件进行二次开发的难度较小。( )
A.非常不同意　B.较为不同意　C.介于不同意和同意之间　D.较为同意　E.非常同意

8.这款软件可以精确地加载、解析 IFC 文件。( )
A.非常不同意　B.较为不同意　C.介于不同意和同意之间　D.较为同意　E.非常同意

9.这款软件读取或输出 IFC 文件时没有信息丢失。( )
A.非常不同意　B.较为不同意　C.介于不同意和同意之间　D.较为同意　E.非常同意

10.这款软件不易崩溃或崩溃了也不影响我的工作。( )
A.非常不同意　B.较为不同意　C.介于不同意和同意之间　D.较为同意　E.非常同意

11.我不担心这款软件的数据安全性问题。( )
A.非常不同意　B.较为不同意　C.介于不同意和同意之间　D.较为同意　E.非常同意

为了兼顾评估结果的准确性与调研过程的可行性,项目制定了如下的调研方案:

①受访对象来源有 3 类:第一类是调研团队内部人员中有 BIM 应用经验的成员,因为这类人员对项目情况及 BIM 软件相关情况都有所了解,能站在项目的角度考虑问题;第二类是已经确定中标项目参与方的工作人员,这类人员有丰富的项目经验,也可以从自己所在标段及关联标段的角度给出评价,从而保证评价的全面性和一致性;第三类是建设行业有影响力的工程企业、软件公司或研究机构的工作人员,他们虽然未必了解项目,但丰富的工作经验也能为评分提供重要的价值。

②项目调研工作按照软件初选确定的软件类别进行。每个调研团队成员负责一个大类的调研任务,从而保证调研工作可以并行,提升调研效率。

③由于其中并非每个受访者都会涉及其中的内容,对于受访者不涉及的内容,允许他们不作答。

每项软件的评分计算方式为:对于每个问题,计算该问题的平均分作为对应指标的得分,然后将指标汇总得到该软件的总分,最后按照小类对软件进行排序,从而得到软件的推荐方案。根据评分表计算,软件的总分为 55 分,调研团队经过商议确定,将低于 44 分(80%)的软件直接剔除,仅保留高于 44 分的软件作为最终推荐方案。如果所有软件的评分都低于 44 分,则调研团队进一步讨论软件选择。

下面以建筑与装修专业(大类)常规建模软件(小类)中的软件评估为例,调研团队邀请前文提到的 3 类受访者进行评分。共邀请了 12 位受访者,评分结果如表 2-3 所示。

表 2-3　建筑与装修专业软件评分结果

	Autodesk Revit 2017 版			Autodesk Revit 2018 版			Autodesk Revit 2019 版			OpenBuildings Designer CONNECT Edition 版			MicroStation CONNECT Edition Update 14 版			MicroStation CONNECT Edition Update 10 版		
	作答者	总分	均分	作答者	总分	均分	作答者	总分	均分	作答者	总分	均分	作答者	总分	均分	作答者	总分	均分
项目符合性	10	29	2.9	10	37	3.7	10	24	2.4	10	36	3.6	10	32	3.2	10	24	2.4
专业符合性	12	20	1.67	12	60	5	12	10	0.83	11	56	5.09	11	52	4.73	11	20	1.82
跨标段符合性	10	36	3.6	10	42	4.2	10	20	2	10	29	2.9	10	35	3.5	10	20	2
使用经验	12	60	5	12	60	5	12	60	5	11	50	4.55	11	50	4.55	11	52	4.73
技术支撑	12	40	3.33	12	58	4.83	12	32	2.67	11	46	4.18	11	50	4.55	11	31	2.82
API 完备程度	9	36	4	9	43	4.78	8	31	3.88	6	28	4.67	6	20	3.33	6	18	3
开发难度	9	45	5	9	45	5	8	46	5.75	6	19	3.17	6	15	2.5	6	16	2.67
IFC 导入能力	12	35	2.92	12	36	3	12	36	3	11	50	4.55	11	48	4.36	11	42	3.82
IFC 导出能力	12	35	2.92	12	40	3.33	12	42	3.5	11	38	3.45	11	49	4.45	11	36	3.27
稳定性	12	30	2.5	12	30	2.5	12	30	2.5	11	52	4.73	11	53	4.82	11	51	4.64
安全性	12	47	3.92	12	49	4.08	12	46	3.83	11	50	4.55	11	52	4.73	11	52	4.73
合计	37.75			45.43			35.36			45.42			44.72			35.88		

从表 2-3 可以看出，评分大于 44 分的软件有 Autodesk Revit 2018 版、OpenBuildings Designer CONNECT Edition 版、MicroStation CONNECT Edition Update 14 版三款软件，因此选这三款软件作为建筑装饰类最终的推荐方案。

2.4　软件调研结果小结

通过上述调研工作，调研团队确定了软件最终的选型推荐方案，软件最终选型方案详见附录 1。该方案被写入《BIM 数据交换与软件选用标准》，作为合同附件的一部分下发给机场各参建方，以指导各方的软件选型。

在评分过程中，调研团队发现了一个值得注意的现象：不少受访者，尤其是受访的项目中标单位在"项目符合性"这一项上打分偏低，如在建筑与装修专业软件评分案例中，对于参加评价的 6 款软件，项目符合性这一项最高只有 3.7 分（满分 5 分）。说明现有软件的功能与项目建模要求还是存在一定的差距。打分结束之后，调研团队随机邀请了几个项目中标单位的 BIM 负责人或 BIM 团队技术骨干进行交流，发现目前软件主要的功能欠缺集中于如下地方：

（1）部分专业建模软件功能不足

例如，场道专业进行道面工程建模时，需要对道面进行分块，明确道面板的尺寸、形状、数量、四角标高等参数，从而辅助场道工程 BIM 应用。然而，现有的建模软件缺乏该功能，存在较为强烈的定制开发需求。

（2）现有软件对机场编码要求及属性添加功能支持较弱

机场项目要求每个构件都有对应的 12 级编码，而批量创建并关联编码在现有软件里面并无快捷方便的实现方式。例如，在 Revit 软件中，用户首先要创建共享参数，然后在共享参数中，按照编码规则逐个给构件手动编码。由于机场项目对模型精度要求较高，模型构件数目和种类普遍较多，因此采用这种手动编码的方式难度很大，需要研发相应的编码插件以提高构件编码效率。此外，机场要求模型中包含"通用属性""设计属性"等属性组及其相应的字段，且"设计属性"中的字段数目也随着构件类型的不同而变化，不论是 Revit 中的共享参数，还是 MicroStation 中的 ItemType 功能，都包含了大量的手动操作，为了提升工作效率，需要研发相应的编码及属性管理插件。

（3）其他需求

这些需求在软件调研阶段无法明确描述，但是随着项目的进行，会逐步体现。调研阶段必须充分考虑这一特点，以便项目开展时能主动应对。

针对上述需求，调研团队第一时间跟项目建设单位报告，辅助项目建设单位开展定制化插件研发功能。这部分内容详见第 4 章，在此不再赘述。

　　另一个值得注意的情况是，在涉及 BIM 平台部分（施工实施阶段和竣工验收阶段）的评分时，受访者发现很难对平台进行评分。不同于成熟的商业应用软件，平台一般都是结合项目的特征和具体需求进行定制开发的，因此目前市面上几乎没有一款即装即用的项目管理平台，自然也无法按照对应的指标对平台进行评分。针对这一情况，机场建设单位将平台作为一项单独的招标内容进行招标，以期结合机场项目实施与管理中信息流转使用的要求，实现机场 BIM 平台的量身定制。花湖机场 BIM 相关平台开发的详细内容参见第 5 章。

3 花湖机场商业 BIM 软件应用

3.1 概述

现阶段 BIM 建模与应用中涉及的软件主要为商业化 BIM 软件，包括原生 BIM 软件与商业化的 BIM 插件。花湖机场工程建设规模大，参与专业多，BIM 应用过程中软件使用数量和种类均显著高于传统建设项目。为了便于表述，本书根据软件的功能将这些软件划分为 BIM 建模软件和 BIM 应用软件。图 3-1 显示了花湖机场 BIM 建模软件及BIM 应用软件及其相互关系，图 3-2 展示了花湖机场主要标段软件的使用情况。本章将分别对这两类中的主要软件、软件功能及其在花湖机场的应用情况进行详细介绍。

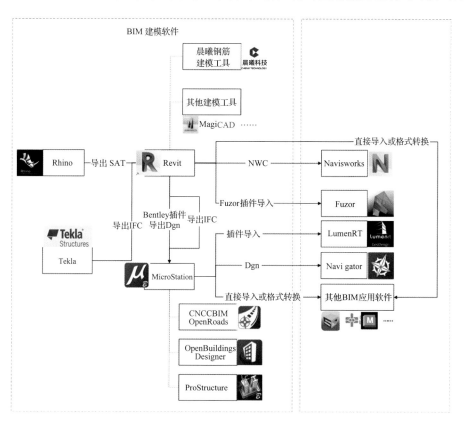

图 3-1　花湖机场主要 BIM 软件及其关系

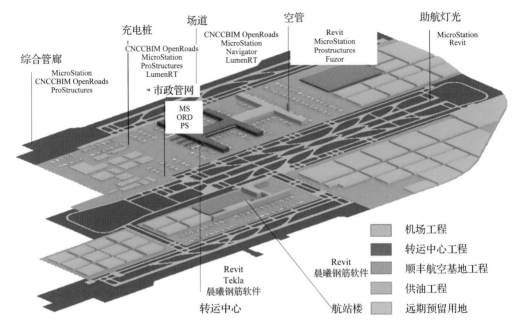

充电桩
CNCCBIM OpenRoads
MicroStation
ProStructures
LumenRT

场道
CNCCBIM OpenRoads
MicroStation
Navigator
LumenRT

空管
Revit
MicroStation
Prostructures
Fuzor

助航灯光
MicroStation
Revit

综合管廊
MicroStation
CNCCBIM OpenRoads
ProStructures

市政管网
MS
ORD
PS

Revit
Tekla
晨曦钢筋软件
转运中心

Revit
晨曦钢筋软件
航站楼

机场工程
转运中心工程
顺丰航空基地工程
供油工程
远期预留用地

图 3-2　花湖机场主要标段软件使用情况

3.2　花湖机场主要 BIM 建模软件及应用

花湖机场主要 BIM 建模软件包括通用建模软件、专业建模软件两大类共 8 款软件，其中通用建模软件指在多数专业都得到应用的建模软件，专业建模软件指只在特定专业中广泛使用的建模软件。相关建模软件的分类及用途如表 3-1 所示。

表 3-1　建模软件分类及用途

软件类别	软件名称	使用专业	主要用途
通用建模软件	MicroStation	场道、充电桩、灯光、市政道路、市政管网、综合管廊等	细部节点、复杂构件及设备、管线等，合模
	Revit	房建、灯光、空侧充电桩、空管、市政绿化等	建筑、结构、MEP 设备及管线、景观绿化等
专业建模软件	CNCCBIM OpenRoads	场道、充电桩、灯光、市政道路等	地基、土石方、道面工程、排水沟沟体、机场内部道路等建模
	OpenBuildings Designer	建筑	建筑、结构、机电设备、管线等建模
	Tekla	钢结构	钢结构深化建模
	Rhino	幕墙、园林	幕墙及园林相关复杂曲面建模
	ProStructures	充电桩、空管、市政管网、综合管廊等（Bentley 平台）	钢筋建模
	晨曦钢筋软件	房建（Autodesk 平台）	

3.2.1 MicroStation 及其在花湖机场的应用

1.软件简介

MicroStation 是国际上和 AutoCAD 齐名的二维和三维 CAD 设计软件,第一个版本由 Bentley 兄弟在 1986 年开发完成。其专用格式是 DGN,并兼容 AutoCAD 的 DWG/DXF 等格式。MicroStation 是 Bentley 工程软件系统有限公司在建筑、土木工程、交通运输、加工工厂、离散制造业、政府部门、公用事业和电信网络等领域解决方案的基础平台。目前比较常用的 MicroStation 版本是 MicroStation CONNECT Edition。

由于 MicroStation 在几何建模方面功能较为强大,它是 Bentley 许多专业建模软件,如 OpenRoads、OpenBuildings Designer、ProStructures 的基础图形平台,同时许多本土化的 Bentley 软件插件,如花湖机场场道、市政等标段用的 CNCCBIM OpenRoads 软件,灯光标段用的 ZfgkPipeNetwork 插件,都是以 MicroStation 为最底层的图形平台。可以说,花湖机场使用的绝大多数 Bentley 建模软件都有 MicroStation 的功能加持。

2.软件功能

1)设计建模功能

设计建模是 MicroStation 的基本功能,具体包括:

(1)二/三维设计建模功能

软件提供了丰富的二/三维绘图和建模功能。在二维设计方面,软件使用一整套制图工具,能高效创建二维几何图形及精确的工程图;在三维设计方面,软件使用一系列三维设计工具开发模型构建和编辑曲线、表面、网格、特征和实体模型。使用预定义的变更构建参数化功能组件,以简化对多个相似组件的管理和查找。

(2)开发超模型

软件支持在三维模型的空间环境中呈现文档及相关的设计信息,并支持嵌入 Microsoft Office 文档和网站的链接,从而为模型追加更多附加信息,实现从一个文件或模型的内容导航至其他文件或模型的内容。

(3)分析与可视化模型

软件基于几何结构或属性的分析与可视化模型进行碰撞检测,支持真实日光照射和阴影分析。应用实时显示样式,以便根据每个对象的高度、坡度、方位角和其他嵌入属性提升模型的可视化水平。

(4)自动执行常见任务

软件提供了智能交互式捕捉、使用 AccuDraw 动态数据输入等功能提高工作效率,支持用户按照使用习惯对工具和任务进行自定义和分组,并利用键盘位置映射功能和快速自定义光标菜单功能减少击键次数。

（5）控制和保护文件

软件支持为文件设置权限实现不同用户查看和/或编辑文件的权限管理。

2）协同设计功能

软件提供的可交付成果生成功能和Bentley CONNECT协作服务能实现更清楚明确的设计沟通，确保所有利益相关方更顺畅地获取最新信息。这些功能包括：

（1）创建动画和高质量渲染图

软件内置了Luxology引擎，支持用户根据设计、施工和运营模型制作真实的影片和模拟效果，可选择关键帧和基于时间的动画。此外，Luxology引擎的渲染功能，配合在线的和已提供的包含物理修正素材、照明效果和丰富照片真实内容（RPC）的资料库实现高质量渲染。

（2）生成智能文档

除了动画和渲染功能外，软件也提供了生成一致的高质量的纸质和数字可交付成果，如纸质图纸、报告、二维/三维 PDF 和三维物理模型。通过直接根据对象的嵌入属性生成批注、显示样式和报告，自动完成并加快这些内容的生成。这样做不仅能自动完成并加快批注、显示样式和报告的生成，还可保证它们在施工过程中始终与模型保持同步。

（3）发布轻量化文件 i-model

软件支持输入使用 i-model 格式，i-model 是一种自描述的文件格式，其优势在于：①查看 i-model 中的属性信息不依赖额外的应用程序。②i-model 是一种轻量化的格式，因此加载较快。借助 i-model，用户可以通过实施独特而强大的工作流进行信息共享、分发和设计审阅。

（4）协作审阅设计

用户可以轻松使用红线和注释来标记模型和工程图，并通过标记仪表板功能管理这些标记。

（5）维护和实施标准

用户可以确保正确应用组织和项目特定的标准。使用模版控制几何图形和数据的标准，如尺寸、文本、线条、详图符号等的样式。设计完成后，使用自动化工具检查工程图是否符合标准。

3）多数据格式兼容与处理功能

用户可以利用MicroStation互操作性和扩展性平台更好地实现与团队信息结合。这些功能包括：

（1）按地理空间位置查找项目

将地理空间信息转换并集成到用户的设计中，访问OGC Web Map Server中的数据，使用实时 GPS 数据,还可创建和引用地理空间 PDF。

(2)兼容常见设计格式

软件支持导入重要行业格式(如 Autodesk®、RealDWG™、IFC、Esri SHP 等)的精确数据,并支持包括 PDF、U3D、3DS、Rhino 3DM、IGES 等数据格式的解析。

(3)支持点云数据加载和处理

软件支持对点云数据进行可视化处理、渲染和测量。

(4)支持光栅图像的解析

软件支持集成各种类型的光栅图像,包括航拍和卫星图像,以及扫描文档。可从几十种支持的文件格式中选择需要的格式,其中包括 Google Earth KML、CALS、BMP、TIF、GeoTIFF、JPG 等。

(5)支持实景网格与模型的集成

软件支持将逼真、带有照片贴图的三维模型或实景网格集成到用户的设计中。这些高度真实的模型可直接用在设计环境中,作为用户的设计和施工建模的基础,以帮助用户更快设计出更高质量的模型。

(6)管理设计变更

在设计文件的整个生命周期内,跟踪并轻松了解对它们所做的变更,甚至可细致到组件级别。查看、绘制和选择回溯文件历史记录中的任何个别更改。

(7)在个性化环境中工作

用户可以放心地在适当的环境中处理每个项目,这是因为应用程序会自动应用必需的设置和标准。用户还可以利用个性化的建议充分发挥软件的功用。

(8)支持定制化二次开发

使用提供的一系列工具自定义用户界面,简化用户的工作流并与企业系统集成。使用 Microsoft(VBA)、.NET、C++、C#以及用户定义的宏开发解决方案。

4)云端模型文件管理与应用功能

CONNECT 版本为综合项目交付提供了一个通用环境,将用户、项目和企业连接在一起。使用 CONNECT 版本,用户将拥有一个可以访问学习资源、社区和项目信息的个人门户。用户还可以直接从桌面将包括 i-model 和 PDF 在内的个人文件共享给其他用户,或将这些文件暂存,以便从 Structural Navigator 等 Bentley 移动应用程序轻松访问它们。通过新的项目门户,用户的项目团队可查看项目详情和状态,并深入了解项目表现。使用 CONNECT 版本时,用户的项目团队还可尝试新的 Project Wise® CONNECTION Services,包括项目性能仪表板、问题解决功能和场景服务(Scenario Services)。

3.MicroStation 在花湖机场的应用

MicroStation 是 Bentley 公司的基础建模软件,严格来说 Bentley 公司其他建模软件,如 ProStructures, OpenBuildings Designer 本质上也是内置了本软件的核心功能件才能完成 BIM 模型创建,为了与这些软件区分开,此处只考虑直接使用 MicroStation 的建模应用,这些应用主要包括相关专业的建模以及全场模型的整合。

1)基于 MicroStation 的助航灯光工程建模

花湖机场助航灯光专业使用本软件对灯具、电缆井、排管、保护管、标记牌等进行建模。

(1)灯具类设备建模

灯具类设备模型包括灯具及灯具基础、隔离变压器箱、隔离变压器、单灯监控、滑行道引导标记牌(含基础)等部件模型。首先在软件里创建共享单元,然后借助程序在数字地形(DTM)上直接放置,建模如图 3-3 所示。

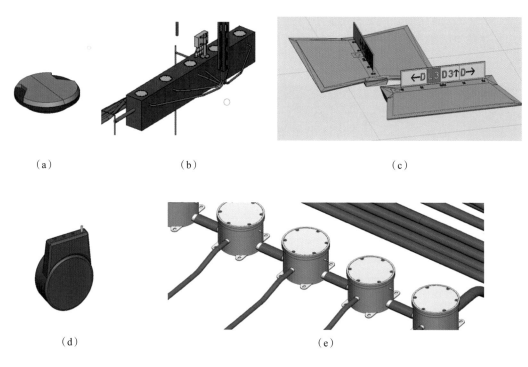

(a)   (b)   (c)

(d)   (e)

图 3-3　灯具类设备建模

(a)灯具单体;(b)灯具基础;(c)滑行道引导标记牌;(d)隔离变压器;(e)隔离变压器箱

(2)电缆井建模

电缆井模型包含电缆井钢筋、井壁防水、电缆支架、接地、集水坑等部件模型,由于 MicroStation 平台上没有对应的功能,很难手动布置,因此上述构件的布置必须借助插件。灯光标段建模人员通过使用自行开发的 ZfgkPipeNetwork 管线插件实现自动布置,建模效果如图 3-4 所示。

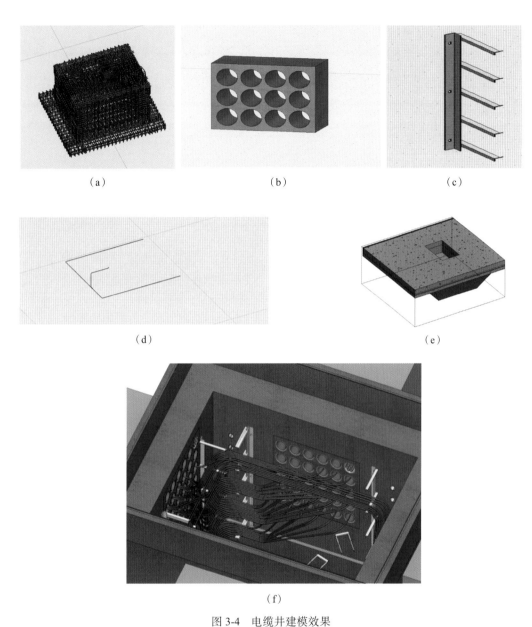

图 3-4　电缆井建模效果

（a）电缆井钢筋；（b）井壁防水；（c）电缆支架；（d）接地；（e）集水井；（f）完整电缆井建模效果

（3）线管建模

线管建模包含一次电缆排管、MPP 电缆保护管、直埋式一次电缆保护管、过道面一次电缆保护管等管线的建模。该类构件同样采用 ZfgkPipeNetwork 插件建模，其中直埋式一次电缆保护管、过道面一次电缆保护管等需要在使用插件之前由人工绘制平面路径。线管建模效果如图 3-5 所示。

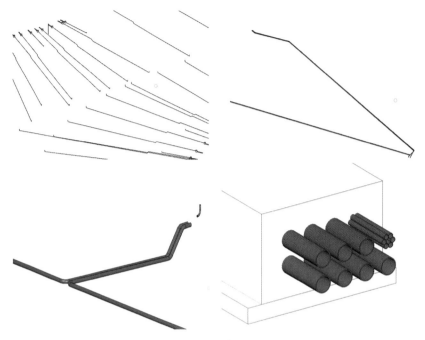

图 3-5　线管建模效果

（4）电缆建模

灯光专业电缆建模的对象包括一次电缆和二次电缆。对于在保护管内侧的一次电缆，可直接提取保护管的中心线创建；排管、建筑内的一次电缆通过绘制电缆平面走向，结合 ZfgkPipeNetwork 插件辅助标注的每个拐点 z 坐标自动生成；二次电缆基于保护管中心线作为路径，通过拉伸成组开孔对象创建。电缆建模效果如图 3-6 所示。

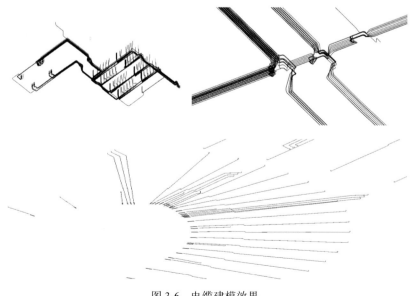

图 3-6　电缆建模效果

（5）二次电缆切槽建模

二次电缆切槽的建模方法为：人工绘制二次电缆平面中心线，通过自定义命令来生成需要的二次电缆保护管切槽，注意在道肩和道面交界处，切槽需要有135°的弯折。切槽建模效果如图3-7所示。

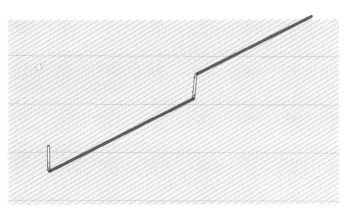

图 3-7　二次电缆切槽建模效果

2）基于 MicroStation 的场道工程细部建模

场道工程使用本软件对排水沟细部、场道细部构件、围界进行建模。

（1）排水沟细部建模

排水沟细部包括排水沟泄水孔、检修步道、排水沟节点、排水沟传力杆等部分。其中排水沟泄水孔、检修步道在将排水沟主体转化成智能实体后在 MicroStation 中绘制；排水沟节点使用软件的拉伸、剪切、布尔运算等操作，创建节点的底板、侧墙、顶板、挡土墙等结构模型，然后通过其精确坐标系移动到对应高程和坐标位置上；排水沟传力杆等细部通过先绘制单元，然后批量放置单元的方式实现。建模成果如图3-8所示。

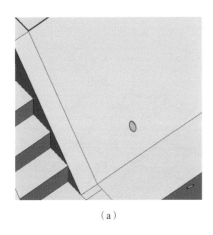

（a）

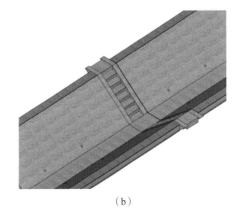

（b）

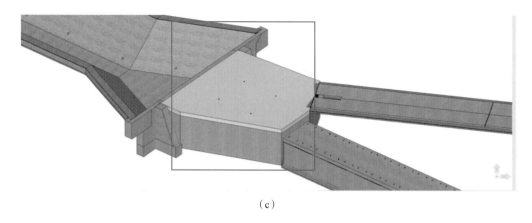

（c）

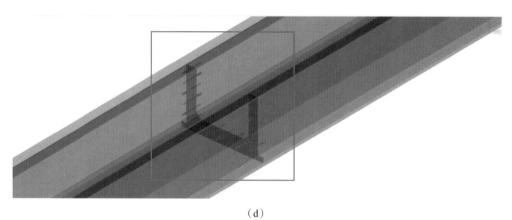

（d）

图 3-8　排水沟建模效果

（a）排水沟泄水孔;（b）检修步道;（c）排水沟节点;（d）排水沟传力杆

（2）场道细部构件建模

场道细部构件包括静电接地、地锚、栓井补强、灯坑补强等。上述构件均是采用软件的建模功能创建模型,然后做成共享单元,最后根据设计文件在模型中进行布置。建模效果如图 3-9 所示。

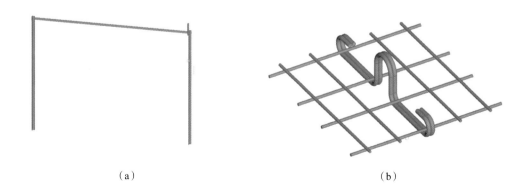

（a）　　　　　　　　　　　　　　　　　（b）

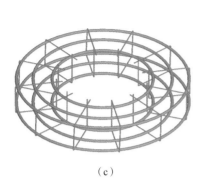
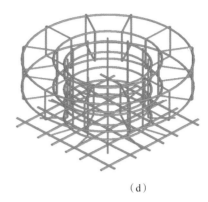

图 3-9 场道细部建模效果

(a)静电接地;(b)地锚;(c)栓井补强;(d)灯坑补强

（3）围界建模

采用 MicroStation 软件对围界模型进行放样,然后创建成单元进行布置,如图 3-10 所示。

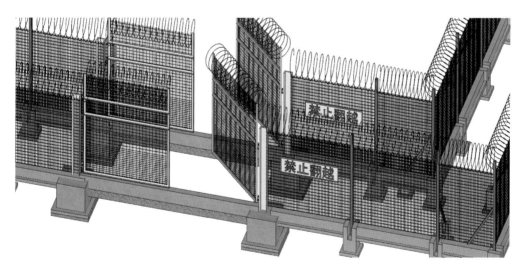

图 3-10 围界模型

3)基于 MicroStation 的市政道路人行通道建模

市政道路专业使用本软件对人行通道建模。其中,对于车止石、树穴石等单体体量相对较大、数量相对较少的构件,首先使用软件的基本建模功能创建单个模型,然后通过共享单元布置在文件中,最后采用删减实体工具进行井体开洞,确保与其他部位无重合部分;对于盲道砖、步道砖等单体体量小、数量较多的构件,采用贴图的形式创建。人行通道建模效果如图 3-11 所示。

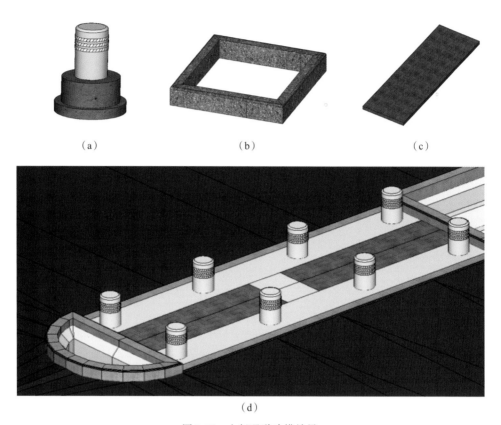

（a）　　　　　　　　　　（b）　　　　　　　　　　（c）

（d）

图 3-11　人行通道建模效果

（a）车止石；（b）树穴石；（c）地砖；（d）人行通道模型

4）基于 MicroStation 的市政管网工程细部建模

市政管网专业使用本软件对附属节点，如污水井、管网附属节点、雨水箅子等进行建模，利用布尔运算功能进行管网附属节点、管线、其他模型构件相交部分的自动扣减，提升建模效率和精度。市政管网工程细部建模效果如图 3-12 所示。

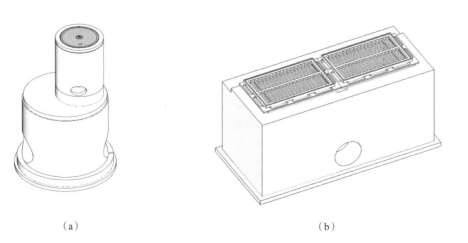

（a）　　　　　　　　　　　　　　　（b）

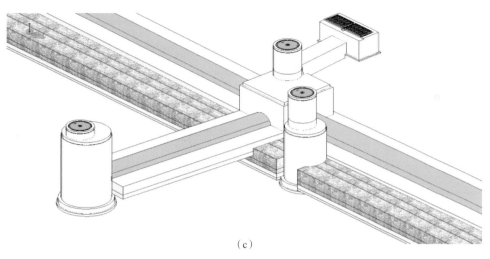

（c）

图 3-12　市政管网工程细部建模效果

（a）井体；（b）雨水箅子；（c）市政管网细部模型

5）基于 MicroStation 的充电桩车棚建模

充电桩专业使用本软件对充电桩车棚建模。车棚基础部分利用软件的拉伸构造命令建立,钢结构部分采用拉伸构造实体和沿路径放样生成构件,车棚膜部分采用参数化曲面工具及剪切工作建模。充电桩模型效果如图 3-13 所示。

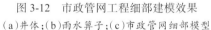

（a）　　　　　　　　　　　（b）　　　　　　　　　　　（c）

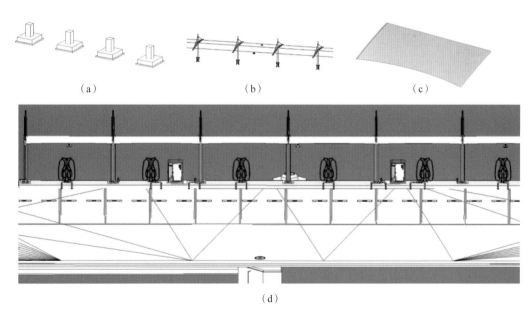

（d）

图 3-13　充电桩模型效果

（a）充电桩基础；（b）钢结构；（c）车棚膜；（d）充电桩整体

6）基于 MicroStation 的综合管廊工程结构设备建模

综合管廊专业使用本软件对工程桩（不包含钢筋）、给排水工程、管廊机电工程进行建模。

（1）工程桩建模

通过 MicroStation 的拉伸构造实体命令，画出工程的二维平面后拉伸得到三维模型，如图 3-14 所示。

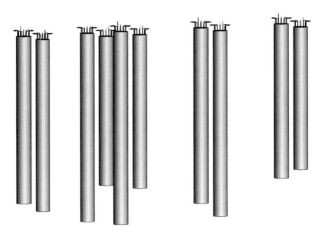

图 3-14　工程桩建模效果

（2）给排水工程 BIM 模型建模

本软件用于建立排水泵、支墩构件等复杂设备及结构构件的创建方法是：利用 Micro-Station 的建模功能，创建上述构件和设备的模型，并以共享单元的方式进行布置。排水泵模型如图 3-15 所示。

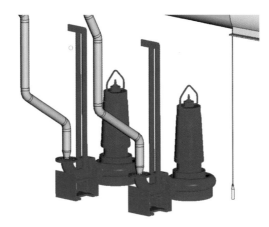

图 3-15　排水泵建模效果

（3）管廊机电工程建模

接地扁钢以及支吊架电气专业等部位的构件采用拉伸构造实体和沿路径放样工程创建；管廊电气模型通过建立各构件共享单元，创建单元文件。管廊支吊架模型和电气设备及电气总装模型如图 3-16、图 3-17 所示。

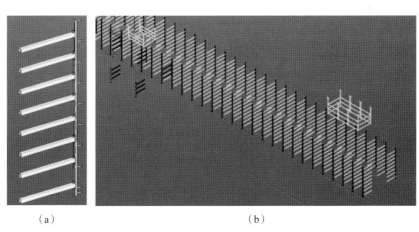

（a）　　　　　　　　　　　　　（b）

图 3-16　管廊支吊架建模效果
（a）支吊架局部模型；（b）支吊架整体模型

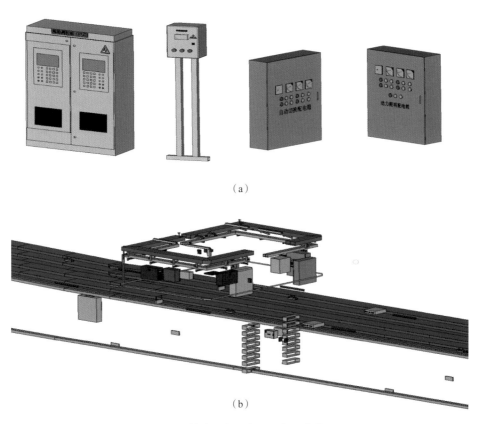

（a）

（b）

图 3-17　管廊电气设备及电气总装模型
（a）机械设备模型；（b）机电总装模型

7）基于 MicroStation 的全场合模

花湖机场各专业全场合模也是由 MicroStation 进行。采用 Bentley 系列建模软件创建的 BIM 模型直接以参照的形式链接入主模型，而采用 Revit 建模的软件通过插件导出为 DGN 格式,再链接入主模型。全场合模效果如图 3-18 所示。

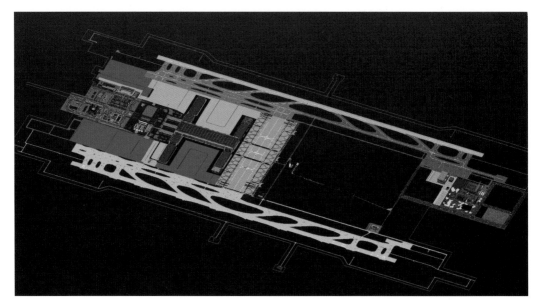

图 3-18　全场合模效果

4.延伸阅读

由于篇幅所限,本书无法对 MicroStation 的具体操作展开描述,目前 MicroStation 方面的教程较多,如《数字孪生数据创建平台 MicroStation 基础应用》(Bentley 软件公司技术总监赵顺耐主编,机械工业出版社出版)这类软件基础操作类书籍,网上也有很多 MicroStation 在线学习资源,可满足用户深入学习的需求。读者可自行查找,或登录 Bentley 软件官方教学网站 https://bentley-learn.com/, 搜索 MicroStation 进行系统学习。图 3-19 为上述网站中 MicroStation 的视频教程二维码。

图 3-19　MicroStation 视频教程二维码

3.2.2　Revit 及其在花湖机场的应用

1.软件简介

Revit 是 Autodesk 公司的一款 BIM 建模软件,可帮助建筑设计师设计、建造和维护质量更好、能效更高的建筑。Autodesk Revit 结合了 Autodesk Revit Architecture、Autodesk

Revit MEP 和 Autodesk Revit Structure 软件的功能，可以创建建筑、结构、机电设备等专业的 BIM 模型，并支持导出 DWG、DWF、gbXML、IFC 等多种格式文件。花湖机场项目中，Revit 广泛用于对房屋建筑、空管塔台、航站楼、特种设备等工程的 BIM 建模。

2.软件功能

（1）三维 BIM 建模

Revit 软件包含建筑、结构、机电（MEP）、钢结构四个专业功能模块，支持上述专业的高精度三维建模。

（2）衍生式设计

利用 Revit"衍生式设计"功能，在 Revit 中直接创建并探索衍生式设计分析，包括生成设计方案、过滤结果并进行排名、浏览结果、评估目标等功能。

（3）计算分析

Revit 提供了基于 BIM 模型的分析功能，可进行诸如面积分析、能量优化、冷热负荷计算、结构计算、日照分析计算等，为用户进行室内交通分析、建筑能耗评测、结构安全计算等任务需求提供支撑。

（4）协同工作

通过建立基于中心模型的工作方式，允许团队中多名成员同时处理同一个项目模型，提升建模和设计效率。此外，Revit 模型也可上传至 Formit、BIM360 等平台实现基于云的协同设计模式，服务于更多的模型应用需求。

（5）图表输出

Revit 支持生成个性化的 2D 设计/施工图纸以满足设计/施工的出图需求。此外，Revit 明细表功能可实现对建筑面积、构件数目、工程量等的个性化统计和导出，支撑包括工程计量在内的各项任务。

（6）功能扩展

Revit 支持多样的功能扩展，用户可以通过使用 Revit API、Dynamo、宏等方式开发满足特定专业、特定业务需求的定制化插件，提升工作效率。

3.Revit 在花湖机场的应用

1）基于 Revit 的花湖机场航站楼建模

根据设计图纸对航站楼建筑、结构、机电部分进行建模；对于航站楼内安检设备、指示牌、电缆支架等复杂设备及构件，采用 Revit 族技术，创建对应的族并加载到项目中。建成的花湖机场航站楼模型及其中部分族模型如图 3-20 所示。

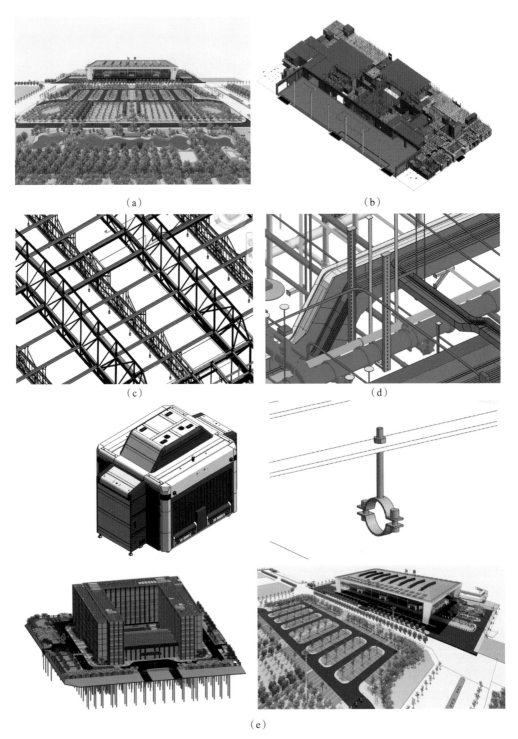

（a）

（b）

（c）

（d）

（e）

图 3-20　机场航站楼及设备建模效果

（a）建筑模型；（b）结构模型；（c）钢结构模型；（d）机电模型；（e）族模型

2）基于 Revit 的灯光站建模

花湖机场一期助航灯光工程共设置 4 座灯光站，东、西跑道南北两端各设置 1 座灯光站，灯光站深化设计 BIM 模型的创建由 Revit 完成，其建模方法与航站楼建模类似。图 3-21 显示了灯光站建模效果。

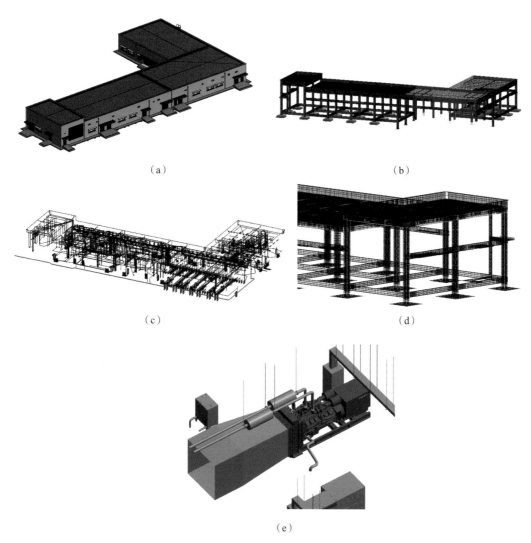

（a）

（b）

（c）

（d）

（e）

图 3-21　灯光站建模效果

（a）建筑模型；（b）结构模型；（c）机电模型；（d）钢筋模型；（e）复杂设备模型

3）基于 Revit 的空管工程模型的创建

空管工程模型使用 Revit 软件进行仪表着陆系统、导航台土建及设备系统建模。

（1）仪表着陆系统工程模型

仪表着陆系统工程模型依据图纸建模，建立所需的单一族模型，将族模型进行载入构建出一个整体的模型。图 3-22 显示了整体方舱族模型、仪表着陆系统族模型、精密空调族模型及综合楼工艺附属模型。

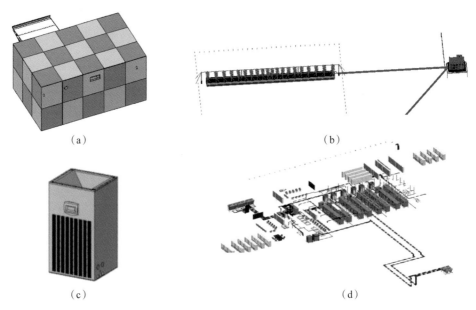

图 3-22　仪表着陆系统建模

(a)整体方舱族模型;(b)仪表着陆系统族模型;(c)精密空调族模型;(d)综合楼工艺附属模型

（2）导航台工程模型

导航台工程模型依据图纸进行族模型建立,并建立基础内置钢筋、钢结构等,构建出一个整体的导航台模型(图 3-23)。

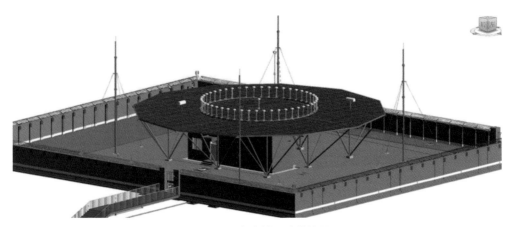

图 3-23　导航台模型建模效果

4）基于 Revit 的空侧充电桩建模

空侧充电桩建模主要包括充电桩基础及附属建模、充电桩设备建模、充电桩电缆建模。

（1）充电桩基础及附属建模

建模内容包括基础垫层、基础、预埋件、防撞挡。根据深化设计图纸对充电桩设备基础进行精确建模,通过 Revit 自带结构基础族,画出基础垫层、基础的三维模型;依照深化设计图纸建立预埋件、防撞挡的族模型,并在项目文档中进行布置。如图 3-24 所示。

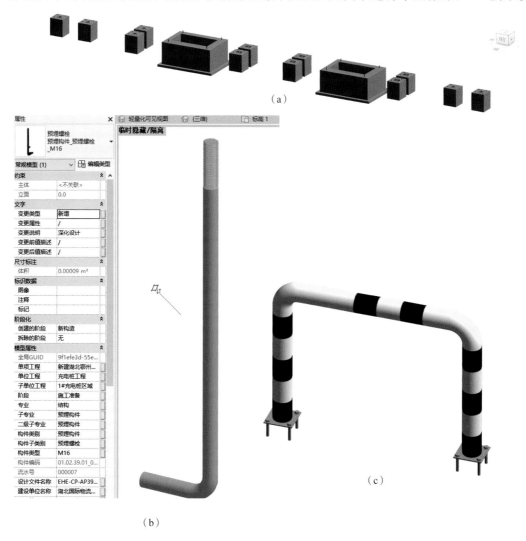

图 3-24　充电桩基础及附属建模效果

(a)设备基础模型;(b)预埋件族模型;(c)防撞挡模型

(2)充电桩设备建模

选用 Revit 自带电气设备族样板进行设备族创建,使用拉伸和放样创建族构件,另存为相应的族并命名,然后采用嵌套族的方式组合成完整的设备族并载入项目文档。在项目文档中,采用 Revit 自带结构基础族创建设备基础,确保设备正确放置在设备基础之上且无重合部分,如图 3-25 所示。

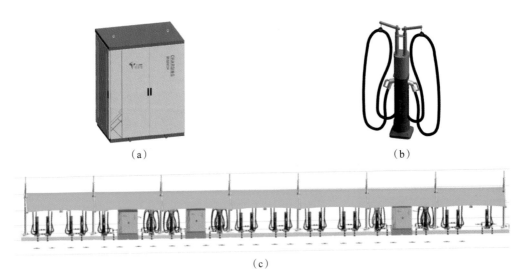

（a）　　　　　　　　　　　　　　（b）

（c）

图 3-25　充电桩设备 BIM 建模效果

（a）充电机设备整合族；（b）充电桩设备整合族；（c）成套充电桩设备整合族

（3）充电桩电缆建模

采用 Revit 软件创建电缆模型的方法为：先画直线段平面草图，再在三维模式采用线缆沿路径放样生成电缆，最后连接直线段构件。建模效果如图 3-26 所示。

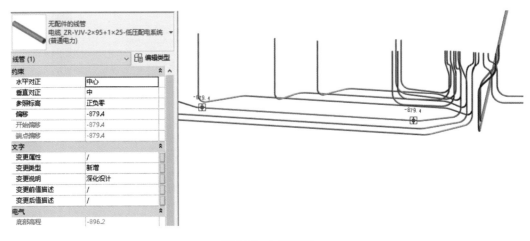

图 3-26　电缆模型

5）基于 Revit 的市政绿化工程建模

本项目市政绿化工程 BIM 建模的内容包括水体景观、景观建筑、道路铺装、绿化景观。

（1）水体景观

水体景观以硬质水景为主，通过 Revit 软件的"子面域"命令创建。在平面视图中绘制水体轮廓，然后在"实例属性"对话框中将材质更改为水。建模效果如图 3-27 所示。

图 3-27 水体景观建模效果

（2）景观建筑

景观建筑主要是人工湖栈桥，以及园区各处的休息廊架。在 Revit 软件中新建建筑样板，将项目扩初 CAD 施工图通过链接 CAD 的命令插入建筑样板中，在项目浏览器一栏中分层建立参数化模型，按照施工图纸要求给模型赋予结构参数及材质，完成景观亭的建造。如图 3-28 所示。

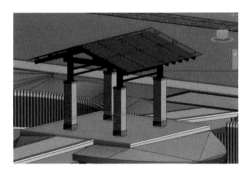
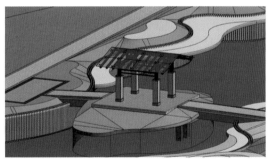

图 3-28 景观亭建模效果

（3）道路铺装

建模部分主要分为路缘石以及道路铺装两部分，道路铺装运用"子面域"命令绘制道路外轮廓线，在类型属性面板中添加道路材质属性。路缘石利用创建"墙"的方式创建，设置好路缘石厚度、高度等相关参数后，以顺时针方向沿道路边缘绘制，如图 3-29 所示。

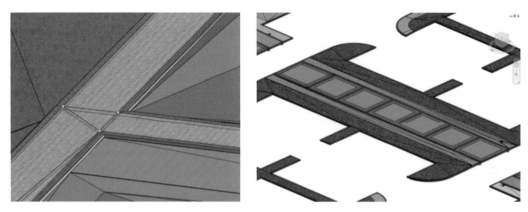

图 3-29　道路铺装建模效果

（4）绿化景观

园区植物主要分为乔木、灌木、地被几大类，运用"十字树"法新建乔木及灌木 RPC 植物族。首先在 Revit 中建立植物的立面轮廓，然后将该立面进行复制并围绕中心点位旋转 90°，这样就得到十字形植物模型，在模型的根部根据土球大小建立圆柱体，最后在总体模型中附着植物的品种信息，包括植株高度、冠幅、胸径、土球大小，以及参考价格，最终在植物族"渲染外观"命令中赋予植物渲染效果。最终建模效果如图 3-30 所示。

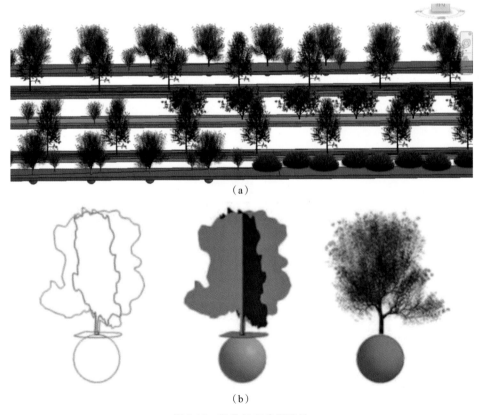

（a）

（b）

图 3-30　绿化景观建模效果

（a）植物整体建模效果；（b）植物单体建模效果

4.延伸阅读

由于篇幅所限,本书无法对 Revit 软件的具体操作展开描述,目前关于 Revit 软件方面的教程较多,如《Autodesk Revit Architecture 2018 从入门到精通》(Autodesk 官方认证中心首席专家、技术总监主编,电子工业出版社出版)等 Revit 软件基础操作类书籍,网上也有很多 Revit 在线学习资源,可满足用户深入学习的需求。

3.2.3 CNCCBIM OpenRoads 及其在花湖机场的应用

1.软件简介

CNCCBIM OpenRoads 是 Bentley 软件公司基于 Bentley OpenRoads 技术,考虑了与中国路桥设计规范及用户习惯,联合中交第一公路勘察设计研究院有限公司研发的道路工程 BIM 正向设计软件,实现了基于 BIM 的道路三维设计、工程图纸输出、数字化交付等方面的应用。

CNCCBIM OpenRoads 在方案设计阶段,可对 OpenRoads ConceptStation 生成的成果进行深化设计,也可与 Bentley 的实景建模、桥涵、隧道、交通工程、地质、管线、结构详图等软件无缝对接,同时完全支持 ProjectWise 协同工作和 i-model 进行项目交付,为国内交通建设行业的业主、设计、施工及监理等各参建方提供贯穿设计、施工、运维全生命周期的 BIM 解决方案。

作为一款路桥专业的专业建模软件,CNCCBIM OpenRoads 提供了许多满足路桥、排水沟等线性工程建模要求的功能,如过滤地形,平面、纵断面绘制功能,廊道功能等,可以方便地创建地形,以及绘制路桥、排水沟等构件的平面、纵断面和横断面,并输出工程量。

2. 软件基本功能

(1)创建地面模型

CNCCBIM OpenRoads 提供了多种实用的创建地面模型的功能, 包括:①创建数据丰富的地形模型;②多种方式下的动态查看(三角形,等高线,网格节点,最高、最低点,水流方向及坡度分析);③支持多种高程点数据、地形图、雷达点云、栅格高程数据(十几种格式)、Landxml、实景模型等的导入, 及地形数据和地面模型的实时关联(动态更新);④多种控制边界条件(地面模型边界自动处理);⑤丰富的地面模型编辑功能;⑥生成平滑化的等高线及高程标注;⑦合并多个地面模型创建复合地面模型;⑧支持地面模型之间的剪切。

(2)平纵快速设计

针对道路、排水沟等依照地势变化的线性工程,CNCCBIM OpenRoads 提供了多种平纵快速设计功能,包括:①单个平面线形可对应多个设计纵断面;②设计参数不满足标准规范时, 实时错误和警告提醒;③设计单元或元素之间建立几何规则和关系(动态更新设计成果);④支持交点法 PI 或积木法(独立的直线、缓和曲线和圆曲线)的平纵设计;⑤支持圆形和抛物线形竖曲线;⑥支持缓和曲线的多种输入方法(长度、参数、偏差、偏移、RL 值等);⑦支持互通式立交专用的平面设计;⑧以关联且动态的方式编辑元素;⑨图形属性及设计参数的动态关联;⑩平纵参数通过表格方式进行查询、修改和实时更新;⑪提取纵断面设计参数,批量修改设计参数,实时更新纵断面设计线。

(3)符合中国国情的横断面模板

针对横断面设计,CNCCBIM OpenRoads 提供了结合中国内路桥交通工程设计习惯的模板定义与使用功能,具体包括:①支持无限制的线性或封闭的面模板定义;②支持带条件性的边坡模板;③支持任意形状的路基路面结构层、路缘石、挡土墙、沟渠及护栏等组件,所有组件或线性模板以图形和参数化方式定义、编辑;④支持组件点以自由、部分或全部受约束(条件性)的形式进行定义;⑤支持以多级条件判断方式选择组件;⑥提供模板设置预览与验证功能;⑦内置适合中国使用的横断面工作环境及常用的标准横断面模板库。

(4)自动化标注

CNCCBIM OpenRoads 支持的标注类型包括:①平面中心线标注(桥梁、涵洞、隧道等构造物的桩号、断链、要素桩、公里桩、设计参数等)、指北针、十字坐标、占地、示坡线、构造物;②平面数据表、纵断面数据表;③图框相关标注(起终点、页码、设计信息、项目信息、单位信息等);④纵断面标注(竖曲线参数、起终点、坡度、坡长、构造物信息);⑤横断面数据标注(各种设计标高及宽度、坡度等);⑥用地宽度标注。

(5)自动化出图与管理

针对设计院出图需求,CNCCBIM OpenRoads 提供了一系列高效率出图管理功能。具体包括:①一键导出平面线位图、纵断面图(包含数据栏)、横断面设计图、平面总体设计图、占地利用图、平纵缩图等图纸;②可定制的图纸种子文件(包含图框、绘图及标注比例等);③支持图纸索引管理及目录管理(图纸管理);④可批量打印图纸集合。

(6)自动化出表(DGN、XLS 等格式)

CNCCBIM OpenRoads 根据工程计量等业务需求,提供自动化出表的功能,可输出直曲转角表、逐桩坐标表、总里程及断链信息表、纵坡及竖曲线表、路基设计表、超高加宽表、土方设计表、用地设计表等,并支持用于自定义表格。

(7)与 ProjectWise 平台集成

CNCCBIM OpenRoads 创建的模型可以方便地导入 Bentley ProjectWise 平台,通过控制组、用户和文档层级访问、追踪文档在整个生命周期内所有变更,管理参考文件和文件之间的关系等方法确保基于模型的过程协同及数据源的唯一性,实现在不同的组织、专业间安全地共享设计文件和数据。

(8)数字化交付

CNCCBIM OpenRoads 数字化交付相关功能包括:①实时文档制作;②设计图纸及

BIM 模型的自动化流程；③用户可自定义批注功能（平面图、纵断面、横断面等图纸），可直接从 BIM 模型提取横断面、图纸和报表；④按 BIM 构件或元素对象计算体积、面积和各种尺寸，基于原始地面模型和设计曲面模型自动计算体积；⑤所有 BIM 模型、图纸、报表输出为 i-model 格式，能够支持多种客户端（智能手机、iPad、网页、PC 端等）的查看，提出数据的应用。

3. CNCCBIM OpenRoads 在花湖机场的应用

花湖机场采用 CNCCBIM OpenRoads 的标段包括场道、市政、助航灯光等。

（1）基于 CNCCBIM OpenRoads 的土石方与地基建模

软件中对土石方与地基建模的方法是：通过 CNCCBIM OpenRoads 的过滤地形功能提取复测的原地面高程数据从而形成三维地形图，为后续土方计算作数据依据，如图 3-31 所示。

（2）基于 CNCCBIM OpenRoads 场道建模

图3-31 土石方与地基建模

场道建模包括道面建模、水稳基层建模和道面分块建模三项内容。其中，道面建模是通过在软件中建立跑道中心线、纵断面、横断面后，采用软件的廊道功能生成三维道面模型；水稳基层建模是基于创建的地势，向下低一个高程值作为其顶标高，并在模型中依次创建上下两层水稳层；而在道面分块建模方面，本软件目前没有对应的功能，可采用二次开发的方式，开发道面分块插件实现。建模效果如图 3-32 所示。

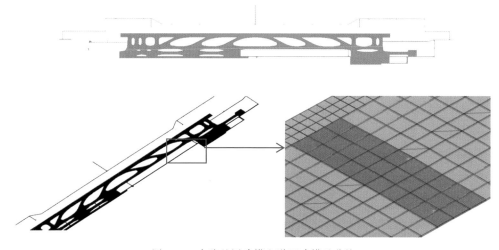

图 3-32 水稳基层建模和道面建模及分块

（3）基于 CNCCBIM OpenRoads 的排水沟建模

排水沟建模的方法是：首先在 CNCCBIM OpenRoads 中建立排水沟的平面和纵断面模型，然后通过廊道模块建立沟渠开挖横断面模板，并生成排水沟模型及其工程量（填挖方量），最后使用 CNCCBIM OpenRoads 的导出工程量表功能，按照每个检验批导出开挖土石方数量计算表，用以辅助施工（图 3-33）。

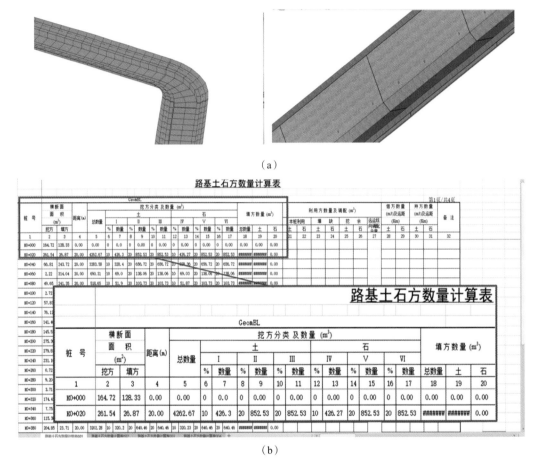

（a）

路基土石方数量计算表

GeomBL

桩 号	横断面面积 (m³)		距离 (m)	总数量	挖方分类及数量 (m³)												填方数量 (m³)		
					土								石						
	挖方	填方			I		II		III		IV		V		VI		总数量	土	石
					%	数量	%	数量	%	数量	%	数量	%	数量	%	数量			
1	2	3	4	5	6	7	8	9	10	11	12	13	14	15	16	17	18	19	20
K0+000	164.72	128.33	0.00	0.00	10	0.00	10	0.00	10	0.00	10	0.00	10	0.00	10	0.00	0.00	0.00	0.00
K0+020	261.54	26.87	20.00	4262.67	10	426.3	10	852.53	20	852.53	10	426.27	20	852.53	20	852.53	######	######	0.00

（b）

图 3-33　排水沟模型
（a）排水沟沟体建模效果；（b）排水沟工程量统计表

（4）基于 CNCCBIM OpenRoads 的助航灯光标线建模

助航灯光专业采用 CNCCBIM OpenRoads 创建场道标线模型。具体方法为：将场道工程的标线复制出来，在 CNCCBIM OpenRoads 中使用压印功能把标线印到已制作好的道面上，同时提取标线曲面，分别生成底漆和面漆模型。经测试复核，压印标线精确度符合标准。道面标线模型建模效果如图 3-34 所示。

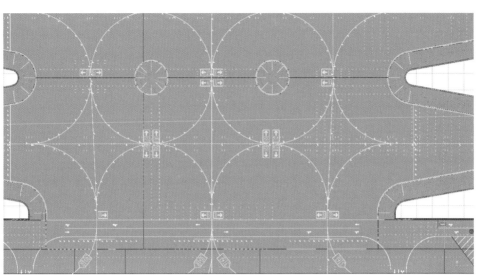

图 3-34　道面标线模型建模效果

4.延伸阅读

由于篇幅所限,本书无法对 CNCCBIM OpenRoads 的具体操作展开描述,目前本软件操作方面的教程较多,例如《道路工程 BIM 设计指南 CNCCBIM OpenRoads 入门与实践》(Bentley 软件(北京)有限公司著),同时,网上也有很多免费的学习教程(可扫描图3-35 所示二维码获取教程)。此外,本书附录 2 详细演示了场道工程中 CNCCBIM Open-Roads 在花湖机场的详细应用,读者可使用上述资源进行软件操作的系统学习。

图 3-35　CNCCBIM OpenRoads 教程

3.2.4　OpenBuildings Designer 及其在花湖机场的应用

1.软件简介

OpenBuildings Designer 帮助不同建筑专业与处于不同地域的团队就设计意图进行有效沟通,消除沟通障碍。OpenBuildings Designer(以前叫作 AECOsim Building Designer)提供建筑信息模型(BIM)先进技术,辅助更高效的 BIM 建模交付。

OpenBuildings Designer 包含建筑、结构、电气、设备等四个专业模块。四个专业的设计模块被整合在同一个设计环境中,用同一套标准进行设计,同时,对一些设计工具进行集成和优化,如用户可以使用一个编辑命令修改所有的构件。此外,OpenBuildings Designer拥有丰富的满足建筑专业建模要求的参数化建模模块、管线综合及管线碰撞检测功能、工程量概算自动统计功能等。

OpenBuildings Designer软件在花湖机场设计阶段应用较多,较为典型的应用包括空管塔台、消防站、灯光站的设计方案 BIM 建模。

2.软件功能

(1)建筑设计建模与分析

OpenBuildings Designer 建模功能支持创建单曲和双曲平面、实体等复杂几何图元,据此可进一步生成建筑构件和机电设备模型,基于模型可直接创建协调一致的建筑文档(规划图、剖面图、立面图、详图和钢筋表);也可利用 Bentley GenerativeComponents,集成的概念能源分析功能模拟能效、峰值荷载、年度能源使用量、能耗、碳排放量和燃料成本等。

(2)结构设计与建模与分析

OpenBuildings Designer 为钢结构、混凝土结构和木结构(包括墙体、地基、柱和其他结构组件)建立了专门的建模功能模块,可基于模型生成平面图、框架布置图、剖面图、立面图以及体积和重量规划图等;生成的模型可直接与详图绘制应用程序(包括 Bentley 的 ProStructures)相结合进行结构分析和深化设计,服务于诸如钢筋深化、钢结构防火处理、结构专业与详图软件协同、结构专业与分析软件互导等业务需求。

(3)机械专业设计与建模

OpenBuildings Designer 采用参数化建模的方式实现参数化的暖通、管道和给排水系统建模;管道尺寸可以以手动方式或利用自动管线尺寸调节工具进行调节,也可以根据气流、流速和摩擦率确定;暖通装置可使用 AHU Builder 的标准模块创建和配置;定义自动放置的组件,同时为 HVAC 和管道系统自动路线连接图布线;通过应用边坡或作为后续流程应用对系统动态选路;模型可以导出到 Autodesk Fabrication CAMduct 2013 和 Trimble Vulcan 中用于制造过程。

(4)电气专业设计与建模

OpenBuildings Designer 电气专业设计与建模功能包括设计照明和其他电气子系统;为电缆托架管道(包括电缆盘和筐、管道和电线管道)建模;管理电路设备、电缆托架管道中的电缆布线和配电板电路;完成点到点的正交和电缆托架管道布线长度计算;实现 EDSA、ProDesign、elcoPower 和其他行业标准程序的双向接口;与 Lumen Designer、DIALux 和 RELUX 双向交换数据;生成规划图、剖面图和立面图、原理图和框图、标签、工程图例和物料清单。

（5）数据互用性

软件通过 i-model 实时共享和处理来自任意创作应用程序的项目信息；支持包括 Bentley i-model、DGN、Revit Family File（RFA）、RealDWG™、IFC、DXF、SketchUp SKP、PDF、U3D、3DS、Rhino 3DM、IGES、Parasolid、ACIS SAT、CGM、STEP AP203/ AP214、STL、OBJ、VRMLWorld、Google Earth KML、COLLADA、Esri SHP 等数据文件的解析，同时可整合地理信息并确保其在合适的背景下正确显示；软件可导出和打开 IFC2x3Co-ordination View 2.0 文件（通过 buildingSMART 认证）以及创建 COBie 电子表格，实现多厂商数据格式互用。

（6）多源异构信息附加

OpenBuildings Designer 支持将多种信息附加于三维模型中，包括超模型建模图纸、图像、文档、媒体、web 链接等；使用综合建模工具集创建几乎任何几何图形；利用特定专业信息和相关联的参数建模工具创建几乎任何形式、大小和几何复杂度的建筑；定义设计意图、维度约束、装配关系和更多项目的捕获规则；创造更好的设计以及有效地创建和管理复杂的几何关系图。

（7）建筑性能分析

OpenBuildings Designer 建筑性能分析功能包括使用计算设计工具建模、模拟和浏览各种假设方案；展现高度、坡度、日光照射和阴影分析；创建逼真的模型可视化效果，支持多点自动测量、照片实感材料、照明库、分布式网络渲染、关键帧和基于时间的动画工具；通过分析空间模型促进概念能源分析；超模型建模呈现三维模型空间背景中的设计信息。

（8）信息丰富的交付成果

OpenBuildings Designer 可直接利用三维模型的内嵌功能动态创建二维文档；创建精确的二维和三维绘图；获得可靠的设计和产品标准管理；在设计和文档制作全过程应用场地、项目、企业和国际标准；审查、共享模型和文档标记；在 Excel 中进行原位编辑和双向编辑，轻松管理数据并对数据排序。

3.OpenBuildings Designer 在花湖机场的应用

（1）基于 OpenBuildings Designer 的空管塔台设计方案建模

在设计阶段，空管塔台的 BIM 模型由 OpenBuildings Designer 创建。该软件主要用于对建筑墙体、门、窗体、楼梯、暖通管道、法兰、垫片等进行建模，其中建筑墙体模型通过建筑设计列表墙体命令创建；门窗模型通过建筑设计列表门窗功能进行模型创建；楼梯模型通过建筑设计楼梯功能进行创建；暖通管道模型通过建筑系统设计列表管道设计模块，选择管道命令创建。创建好的模型是一种交付格式，可以相互进行总装参考，总装的建筑、暖通专业模型通过建筑系统设计列表，选择绘图制作功能模块进行切图管理,软件可以针对楼层平面、剖面、立面、详图等进行快速图纸剖切,生成后的图纸可通过批量打印功能进行图纸批量输出。图 3-36 所示为空管塔台设计方案建模效果。

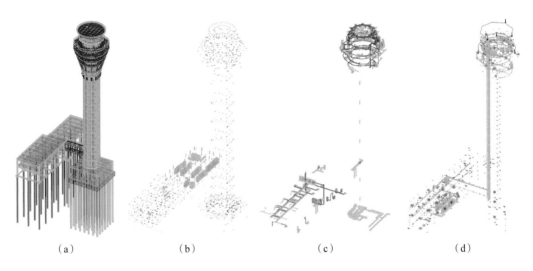

(a)   (b)   (c)   (d)

图 3-36 空管塔台设计方案建模效果
(a)结构专业;(b)电气专业;(c)暖通专业;(d)弱电专业

(2)基于 OpenBuildings Designer 的消防站工程设计方案建模

消防站建模方式与塔台工程类似。图 3-37 显示了采用 OpenBuildings Designer 的建模效果。

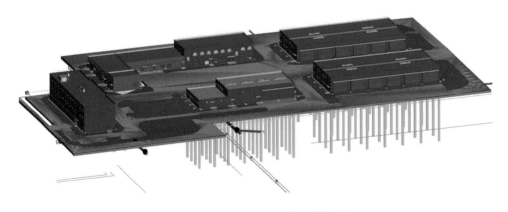

图 3-37 消防站设计 BIM 模型建模效果

(3)基于 OpenBuildings Designer 的灯光站设计方案建模

灯光站建模方式与塔台工程类似。图 3-38 显示了灯光站 OpenBuildings Designer 的建模效果。

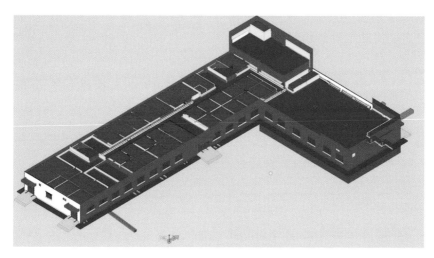

图 3-38　灯光站建模效果

4.延伸阅读

由于篇幅所限,本书无法对本软件的具体操作展开描述,目前本软件操作方面的教程较多,例如《OpenBuildings Designer CONNECT Edition 应用教程》(黑龙江省建设科创投资有限公司编著),用户也可扫描图 3-39 中的二维码获得本软件的视频教程。

图 3-39　OpenBuildings Designer 视频教程

3.2.5　Tekla 及其在花湖机场的应用

1.软件简介

Tekla 是芬兰 Tekla 公司开发的钢结构详图设计软件,它先创建三维模型,然后自动生成钢结构详图和各种报表。Tekla 是世界通用的钢结构详图设计软件,包含了 600 多个常用节点,在创建钢结构节点时可采用参数化建模的方式。此外,Tekla 可以自动生成构件详图和零件详图,以供装配、箱形组立和加工工段使用,零件图可以直接或经转化后得到数控切割机所需的文件,实现钢结构设计和加工自动化。

2.软件功能

(1)钢结构深化三维建模

Tekla 软件拥有丰富的钢构件截面库和完备的钢节点设计模块,参数化节点设计极大提高了模型深化和出图的效率,数据库支持储存钢构件编号、位置、截面、材料等级等属性,可自定义构件截面属性。

（2）结构分析

可添加点、线、面荷载,均布荷载,风和温度荷载并可进行荷载组合,分析结果可以选择图像或者文本输出。

（3）材料统计

Tekla 报告功能可自动统计和输出各类构件、零件、螺栓以及焊接等工程量信息,用户可根据需要定制报表。

（4）碰撞检测

Tekla 自带碰撞校核功能,在模型创建完成后进行碰撞检测。碰撞检测结果以清单报告的形式返回,以构件 ID 的方式显示碰撞,选择报告中的碰撞项后对应构件将以特殊颜色被标注出来,方便设计人员修改、加工制造和进度管理。

（5）与数控机床对接

输出数控文件 NC 导入数控机床进行加工生产。

（6）安装工艺模拟

模型与构件生产进度相结合,能模拟现场拼装顺序并安排主要施工机械的进场时间;模型与构件制造进度相结合,可进行项目进度管理。

3.Tekla 软件在花湖机场转运中心中的应用

虽然 Tekla 模型不直接作为 BIM 模型的交付成果,但由于花湖机场钢结构深化设计工作量极大,其中又以转运中心为代表,因此本节选择花湖机场转运中心为案例,重点介绍该工程钢结构深化中 Tekla 软件的应用。

转运中心钢结构工程采用 Tekla 软件对基础锚栓、钢柱、钢梁、节点等进行建模深化,其中锚栓构件用 Tekla 软件梁功能创建,钢柱构件用 Tekla 软件柱、梁、板功能配合创建,钢梁构件用 Tekla 软件梁、板功能配合创建,连接节点用板、螺栓、切割等功能配合创建,用参数化节点和自定义节点功能进行快速节点深化。深化好的模型对零件、构件用编码功能编码,利用创建图纸功能创建零件图、构件图、布置图,用报告功能创建清单报表。用 Tekla 软件的输出功能将模型转成 IFC 数据格式,然后用 Revit 软件将 IFC 文件打开得到 Revit 模型数据,使用 Dynamo 节点程序将导入的 Revit 软件的零件族转化为可载入族,再对模型零、构件进行命名和数据信息添加,完成 Revit 钢结构模型的转化创建,保证两个模型一致。图 3-40 所示为花湖机场转运中心 Tekla 建模效果。

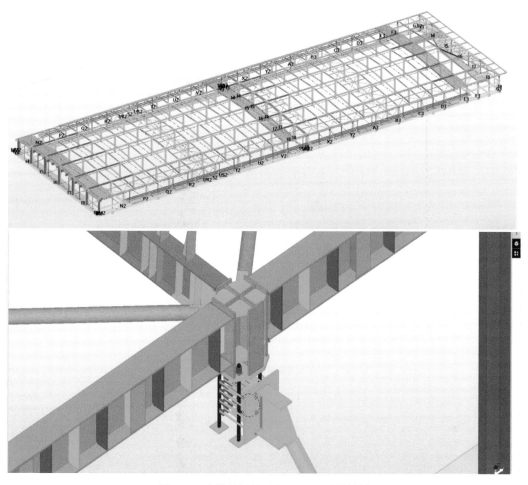

图 3-40　花湖机场转运中心 Tekla 建模效果

4.延伸阅读

由于篇幅所限,本书无法对本软件的具体操作展开描述,目前关于本软件的教程较多,例如《Tekla Structures 20.0 钢结构建模实例教程》(安娜、华均编著),网上也有很多在线学习资源,可满足用户深入学习的需求。

3.2.6　ProStructures 及其在花湖机场的应用

1.软件简介

ProStructures 由三维混凝土设计软件 ProConcrete 和钢结构设计软件 ProSteel 组合而成。其中 ProConcrete 是一款专业的钢筋混凝土详细设计和钢筋表生成的二维/三维软件,为钢筋混凝土结构配筋设计提供了一种完全交互式、参数化的设计和数量统计工具。ProConcrete 能够满足各种类型的建筑结构、基础构筑物、桥梁结构等工业、民用建筑物以及水工建筑配筋设计的需要,具有非常灵活的绘图功能,可以绘制非常详尽的混凝土结构的钢筋布置图。由于花湖机场BIM模型要求对钢筋进行建模,因此ProStructures的钢筋建模功能在本项目中得到了广泛应用。常见的用法是:先用 MicroStation 等软件创建不含钢筋的结构模型,然后采用 ProStructures 在上述模型上进行深化。由于本软件采用了参数化的钢筋建模方式(图 3-43),因此钢筋创建的效率较高。

2.软件功能

(1)参数化钢筋混凝土建模

ProStructures 包含中国和世界多个国家和地区的钢筋规范,并针对常规梁、柱、板、基础和墙等对象配置了参数化钢筋建模和修改工具;支持对楼板墙体开洞并自动调整洞口钢筋;提供洞口加强筋工具提升洞口附加钢筋建模效率。软件也支持使用通用的参数化配筋工具对复杂的三维混凝土形体进行配筋,并通过在钢筋和配筋面及边建立约束关系,实现钢筋随混凝土形状变化的自适应更新。所有工具对话框的设置参数都可以通过模板和样式保存不同设置供后续调用。图 3-41 所示为 ProStructures 参数化钢筋建模示例。

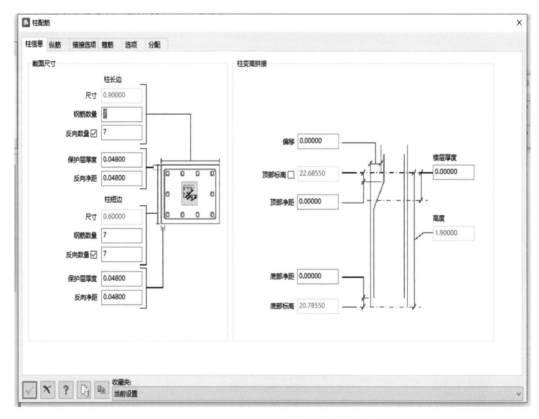

图 3-41　ProStructures 参数化钢筋建模示例

(2)图纸文档制作

ProStructures可以快捷提取钢筋的加工安装信息,生成 2D 钢筋布置图,并根据三维钢筋模型的变化自动更新配筋图纸,2D 钢筋图纸可以结合用户的需求进行样式的设置。此外,软件还支持单独或批量生成钢筋下料加工清单和混凝土用量清单。

（3）数据互用性

ProStructures 提供的集成功能,能最大限度地减少各种软件平台之间的重复,并轻松审核备选设计;支持参考 AECOsim Building Designer、OpenBridge 和 MicroStation 等应用程序的混凝土模型为之配筋,并可通过共享和引用项目信息与其他专业协作;可以输出丰富的文件格式,如 IFC、ISM、i-model 和 3D PDF 等;提供与企业资源规划（ERP）系统的接口、集成建模和文档制作工作流;支持 ProjectWise 托管工作空间;直接把包含 i-model 和 3D PDF 内容的模型文件通过桌面程序发布到个人云端分享;审阅项目详细信息和状态,深入了解项目运行状况。

3.ProStructures 软件在花湖机场的应用

（1）基于 ProStructures 的场道排水沟节点钢筋建模

通过运用 ProStructures 软件可以基于前文创建的排水沟模型布置钢筋。其中,排水沟常规构件可以通过自动拾取构件的截面参数和形状自动选择钢筋的初步布置方式;异形构件主要是布置主筋和箍筋,二者都可以采用本软件批量布置,而钢筋的方向可根据构件提取的导向线来控制;绘制完成后,可以通过不同的钢筋显示模式控制钢筋,如单线模式、线框模式、草图模式、渲染模式。排水沟节点钢筋模型如图 3-42 所示。

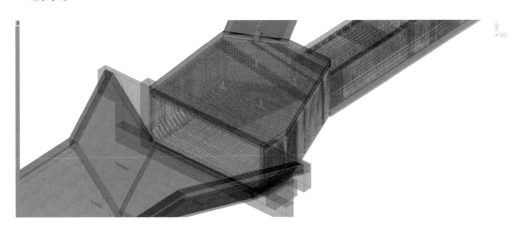

图 3-42　排水沟节点钢筋模型

（2）基于 ProStructures 的充电桩基础钢筋建模

基于 MicroStation 建立的充电桩基础模型,依照设计图纸通过 ProStructures 建立钢筋辅助线,设置保护层参数、纵筋参数、箍筋参数,拾取混凝土后就可以创建钢筋。充电桩基础钢筋如图 3-43 所示。

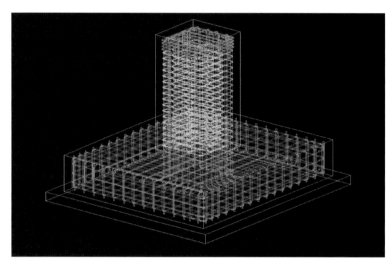

图 3-43　充电桩基础钢筋

（3）基于 ProStructures 软件的综合管廊工程桩钢筋建模

　　基于 MicroStation 创建的工程桩模型，通过 ProStructures 软件设置保护层参数、纵筋参数、箍筋参数，创建钢筋模型。创建好的模型如图 3-44 所示。

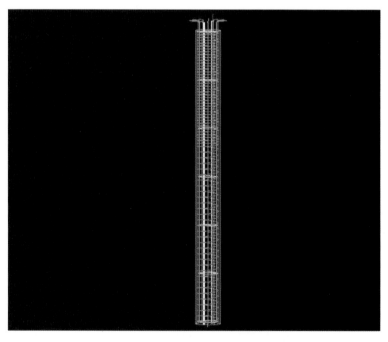

图 3-44　综合管廊工程桩钢筋模型

（4）基于 ProStructures 软件的管道井钢筋参数化建模

　　针对 MicroStation 创建的管道井，根据图集及现场实际施工情况，采用 ProStructures 软件对钢筋进行参数化定义，创建井体钢筋模型。井体钢筋模型如图 3-45 所示。

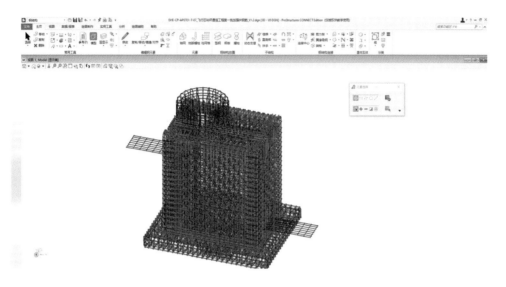

图 3-45 井体钢筋模型

4.延伸阅读

由于篇幅所限,本书无法对本软件的具体操作展开描述,目前本软件操作方面的教程较多,如《三维布筋在BIM中的应用:ProStructures 钢筋混凝土模块应用指南》(王开乐著),读者也可扫描图 3-46 二维码,通过视频教程系统学习本软件。

图 3-46 ProStrucures 视频教程

3.2.7 晨曦 BIM 钢筋建模软件

1.软件简介

晨曦 BIM 钢筋建模软件是最早基于 Revit 开发的钢筋建模工具产品,不仅承载了 Revit 自身优秀的建模特性,还在此基础上开发了一系列可以提高钢筋建模的功能工具;不仅可以直接运用BIM模型创建钢筋实体模型,也可以实现钢筋工程的出量、对账及对接计价,适用于房建、地铁、市政等多个领域的钢筋应用。在构件上支持大部分构件类型的钢筋建模,除了柱墙梁板等基本构件外,还支持二次构件、基础构件、异形构件等构件的钢筋创建。

晨曦 BIM 算量嵌入了国家钢筋图集规范和施工中的常用做法,便于处理大量构件之间的复杂节点情况,涵盖的钢筋构件类型众多,不仅能满足普通的柱墙梁板节点要求,也能完成异形构件的钢筋建模。作为花湖机场钢筋辅助建模工具,晨曦 BIM 钢筋建模软件在花湖机场房建相关标段中得到了广泛应用。具体应用包括钢筋深化建模、钢筋下料和钢筋切图等。

2.软件功能

晨曦 BIM 钢筋建模软件包含设置类、输入类、调整类、布置类和输出类等五大模块（图 3-47），主要解决构件分类有误、嵌入钢筋图集规范、钢筋参数输入、布置钢筋、调整工具、查看钢筋实体、查看钢筋数据、导出钢筋数据等 8 个内容。

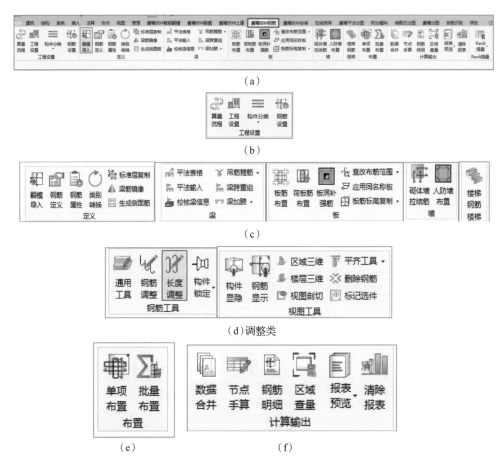

（a）

（b）

（c）

（d）调整类

（e）   （f）

图 3-47　晨曦 BIM 钢筋建模软件功能

（a）钢筋产品全局功能模块；（b）设置类；（c）输入类；（d）调整类；（e）布置类；（f）输出类

3.基于晨曦 BIM 钢筋建模软件的钢筋深化建模

钢筋建模需要混凝土结构构件作为有效主体，因此，在创建钢筋建模前需建立混凝土结构模型，在结构模型的基础上再创建钢筋实体模型，具体操作为：用户首先根据施工图设置环境类别和混凝土强度等级，软件按照内置的图集规范自动生成保护层、锚固值等参数；然后可以选择 CAD 自动识别或参数化快捷定义的方式对柱、墙、梁、板、楼梯等细分构件进行配筋；最后可以一键查看钢筋实体和工程量数据，并导出钢筋报表。晨曦 BIM 钢筋建模软件建模效果如图 3-48 所示。

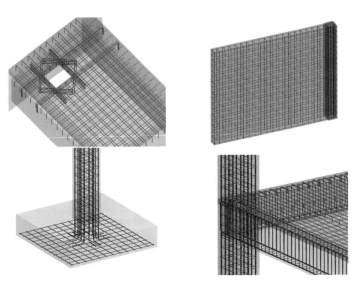

图 3-48 晨曦 BIM 钢筋建模软件建模结果

此外，钢筋模型可供下料和切图之用。晨曦 BIM 钢筋建模软件提供了下料单生成和钢筋切图的功能。生成的钢筋下料单和切图效果如图 3-49 所示。

构件名称	钢筋编号	规格	钢筋简图(mm)	下料长度(mm)	根数
LZ1(200×300)	57	⊕8	150	250	36
LZ1(200×300)	58	⊕8	250 / 150	850	38
LZ1(200×300)	57	⊕8	150	250	31
LZ1(200×300)	58	⊕8	250 / 150	850	35
LZ1(200×300)	47	⊕20	300 1150	1400	1
LZ1(200×300)	48	⊕20	300 1850	2100	2
LZ1(200×300)	49	⊕20	300 1150	1400	2
LZ1(200×300)	50	⊕20	300 1850	2100	1
LZ1(200×300)	51	⊕20	750 3000	3700	1
LZ1(200×300)	52	⊕20	750 2300	3000	1

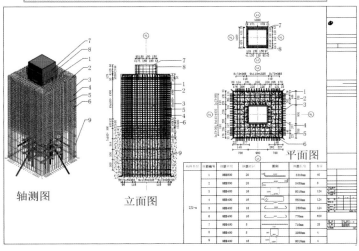

图 3-49 晨曦钢筋下料单与切图

4.延伸阅读

由于篇幅所限,本书无法对晨曦BIM钢筋建模软件的具体操作展开描述,用户可登录晨曦官网(https://www.chenxisoft.com)获取本软件的更多信息。

3.3 花湖机场主要 BIM 应用软件及应用

花湖机场主要 BIM 应用软件包括 Navigator、Navisworks、Fuzor、LumenRT 四款。相关软件的用途如表 3-2 所示。

表 3-2 应用软件分类及用途

软件类别	软件名称	使用专业	主要用途
BIM 模型基础应用软件	Navigator	场道、排水工程	数据集成、碰撞检测、4D 施工模拟、按模施工
	Navisworks	房建	碰撞检测
BIM 可视化软件	Fuzor	空管	施工模拟、进度模拟、漫游动画制作、效果图渲染
	LumenRT	场道	漫游动画制作、效果图渲染

BIM 模型基础应用软件是指具有 BIM 模型应用基本功能的软件,这些功能包括模型整合、碰撞检测、4D模拟等。花湖机场采用的代表性BIM模型基础应用软件包括Navigator 和 Navisworks 两类。

可视化软件是对 BIM 模型的可视化能力进行增强的软件。虽然 BIM 模型具有所见即所得的特点,但是其可视化能力仍然较弱,其原因是 BIM 软件侧重于建模,具备静态模型的可视化能力即可。然而,对于施工模拟、方案汇报等,需要输出美观、真实的建造过程与建筑产品外观模拟与预览时,要求实现较高精度的动态渲染,此时一些针对 BIM 或三维模型的可视化软件将派上用场。花湖机场选用的 BIM 可视化软件很多,其中有代表性的包括 Fuzor 和 LumenRT。

3.3.1 Navigator 及其在花湖机场的应用

1.软件简介

Bentley Navigator 是一款动态协同工作软件,支持查看、分析和补充项目等功能,为工程师、建筑师、规划师、承包商、制造商、IT 管理员、运营商以及维护工程师提供完美的使用解决方案,满足他们各方面的使用需求,帮助各行业工程师快速且有效率地完成各个项目工程。软件可在 Windows、iOS 和 Android 操作系统的 PC、平板电脑和其他混合型设备上运行,并通过与 ProjectWise 集成,安全地访问模型和相关文件。

2.软件功能

（1）模型浏览功能

软件可直观地浏览三维模型并与之互动；还可进行虚拟漫游，使用户身临其境地探索和调查模型及嵌入其中的属性数据。

（2）查询模型信息

根据属性数据或几何条件搜索和筛选模型，简单快速地找到模型元素及其嵌入的属性和链接的信息。

（3）创建可视化报告

通过嵌入式属性查询功能，创建模型的专题显示页面。以可视化方式呈现模型及其关联的项目信息，并导出可视化报告，以便更深入地了解模型信息。

（4）执行协调审查

软件提供的模型协调检查相关功能支持检查各个专业之间是否存在冲突，发现协调错误并提醒项目团队注意。团队可对多专业模型进行协调审阅，以发现和解决可能造成巨大损失的潜在冲突。

（5）集成的建模和文档制作工作流

CONNECT 版本为综合项目交付提供了一个通用环境，将用户、项目和用户的企业连接在一起。使用 CONNECT 版本，用户可以直接从桌面将包括 i-model 和 PDF 在内的个人文件共享给其他用户，或将这些文件暂存，以便在移动设备上使用 Navigator Mobile，也可以通过 Project Wise ® CONNECTION Services 获得项目性能仪表板和问题解决等方面的服务。

3.Navigator 在花湖机场中的应用

在花湖机场工程中，Navigator 主要用于数据集成、碰撞检测、按模施工等 BIM 应用。

（1）基于 Navigator 的碰撞检测

以市政排水工程为例，本项目涉及全场排水工程以及道面工程的铺设，需要考虑排水工程与道面工程的专业间碰撞。道面工程专业内碰撞需要考虑结构物顶标高与地势复核；排水工程专业内碰撞需要考虑排水沟钢筋与传力杆之间、钢筋与钢筋之间的碰撞。采用 Navigator 软件可对以上项目进行碰撞检测，以实施有效的事前控制，降低实施风险，如图 3-50、图 3-51 所示。

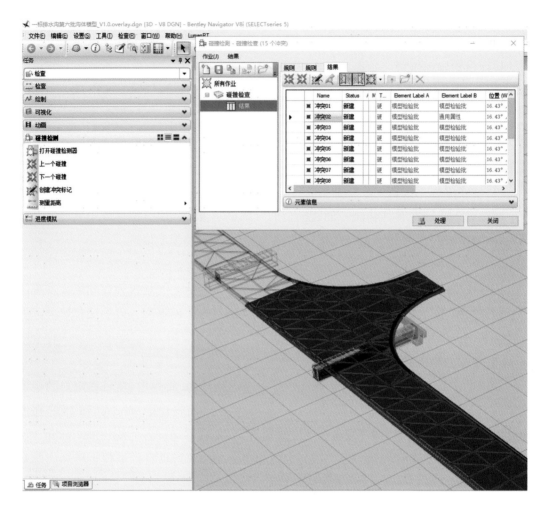

图 3-50 Navigator 碰撞检测效果

序号	专业	模型文件名称	问题描述	问题截图	问题类别	修改建议	监理单位意见	设计单位回复
1	排水专业	EHE-CP-AP0301-AE-CD1PSG10_一标排水沟第十批沟体模型_V1.0	桩号P275+8.50，H188+17.50~P282+4.34，H188+17.50排水沟侵入道面板19.6 cm。	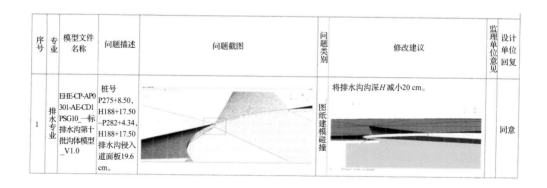	图纸建模碰撞	将排水沟沟深H减小20 cm。		同意

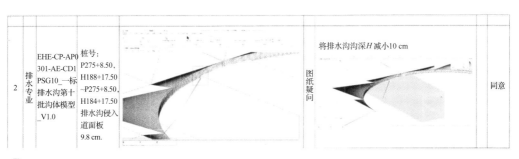

| 2 | 排水专业 | EHE-CP-AP0301-AE-CD1PSG10 一标排水沟第十批沟体模型_V1.0 | 桩号：P275+8.50，H188+17.50~P275+8.50，H184+17.50排水沟侵入道面板9.8 cm. | | 将排水沟深H减小10 cm | 图纸疑问 | 同意 |

📄 EHE-CP-AP0201-AE-CM0306-002_场道一标道面工程施工图模型复核报告
📄 场道工程模型典型问题汇编（机场）
📄 场道一标第二批排水工程施工图模型复核报告
📄 场道一标排水工程施工图模型（第八批排水沟）复核报告
📄 场道一标排水工程施工图模型（第九批排水沟）复核报告
📄 场道一标排水工程施工图模型（排水沟）复核报告
📄 场道一标排水工程施工图模型复核报告（第七批）
📄 场道一标排水工程施工图模型复核报告（总表）
📄 场道一标排水工程施工图模型复核报告

图 3-51　Navigator 导出效果

（2）基于 Navigator 的按模施工

以排水沟钢筋为例，现场施工人员通过 Navigator 的移动端显示功能、模型测量功能对现场钢筋绑扎进行复核，对钢筋编号、型号等通过信息化模型进行校验，不仅提升了现场施工质量，同时也降低了施工现场的返工率，如图 3-52 所示。

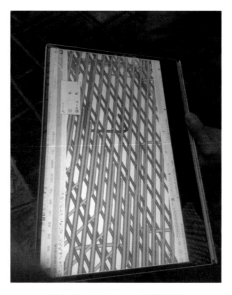

图 3-52　Navigator 按模施工

4.延伸阅读

由于篇幅所限，本书无法对 Navigator 的具体操作展开描述，网上也有很多在线学习资源,可满足用户深入学习的需求。

3.3.2 Navisworks 及其在花湖机场的应用

1.软件简介

Navisworks 是 Autodesk 公司推出的 BIM 应用软件,Navisworks 支持大量模型格式,软件的主要特点如下:①可结合 Microsoft Project 软件进行施工模拟;②软硬碰撞检查,审查校核模型;③实现模型的漫游审查,具备高画质漫游效果及视频输入能力;④软件兼容性强,支持不同软件模型整合;⑤格式压缩能力强,保存软件自身格式文件小,且自带加密功能。

2.软件功能

(1)三维模型的实时漫游

目前大部分 3D 软件只能进行路径漫游,无法进行实时漫游,而 Navisworks 则可以对任意一个模型进行实时漫游,为三维校审提供了最佳的支持。

(2)模型整合

Navisworks 可以将不同专业设计出的 3D 模型链接整合到一个模型中,再对不同专业之间的工程进行碰撞校审和渲染等。

(3)碰撞校审

Navisworks 不仅支持硬碰撞(物理意义上的碰撞)校审,还可以做软碰撞校审(时间上的碰撞校审、间隙碰撞校审、空间碰撞校审等)。可以定义复杂的碰撞规则,提高碰撞校审的准确性。

(4)模型渲染

Navisworks 内置了丰富的材料库以供渲染使用,内置的多种渲染功能可以满足各种场景输出的需要,并且操作简单便捷。

(5)4D 模拟

Navisworks 可以导入目前项目上应用的进度软件(P3、Project 等)的进度计划,和模型相互关联,通过 3D 模型和动画能力直观演示出建筑施工的步骤。

(6)模型发布

Navisworks 支持将模型发布成一个 .nwd 的文件,以利于模型的完整性和保密性,并且可以通过一个免费的浏览软件进行查看。

3.Navisworks 在花湖机场的应用

Navisworks 主要应用于花湖机场转运中心工程。转运中心工程使用 Navisworks 将 RVT 格式的 Revit 模型导出为 NWD 格式,然后导入 Navisworks,使用 Navisworks 中的碰撞检测功能进行碰撞检测,碰撞前需要手动输入碰撞精细度值,如输入"5 毫米碰撞检查"，导出碰撞检查视点，并保存相关干涉视点，如图 3-53 所示。

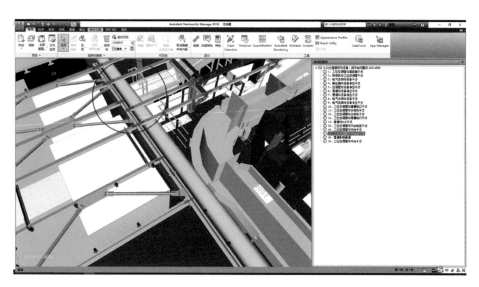

图 3-53　转运中心碰撞检测案例

4.延伸阅读

由于篇幅所限，本书无法对 Navisworks 的具体操作展开描述，目前本软件操作方面的教程较多，例如《Navisworks 2018 从入门到精通》（益埃毕教育编著），此外网络上也有很多在线学习资源，可满足用户深入学习的需求。

3.3.3　Fuzor 及其在花湖机场的应用

1.软件简介

Fuzor 是一款将 BIMVR 技术与 4D 施工模拟技术深度结合的综合性平台级软件。Fuzor 包含 VR、多人网络协同、4D 施工模拟、5D 成本追踪几大功能板块。用户可在 Fuzor 中创建、添加机械和工人以模拟场地布置及现场物流方案，也支持直接加载 Navisworks、P6 或微软的进度计划表。同时，Fuzor 也支持 4D 施工模拟的 VR 展示及相关 BIM 信息浏览。在花湖机场建设过程中，Fuzor 软件被用于施工模拟视频、进度视频创建，漫游动画制作、效果图渲染等。

2.软件功能

（1）高质量模型渲染

Fuzor 可以导入 Revit、Sketchup、点云数据以及其他多种软件产生的 BIM 文件，用户可以设置时间、天气、分辨率等渲染参数，从而提高模型渲染效果。

（2）nDBIM 模型应用

Fuzor 中的 4D 和 5D 模拟功能可以对项目施工进行模拟演示，并在 4D 施工序列模拟和报告中提供计划的和实际的进度表,可以进行成本跟踪以及基于模型的数量计算,及时优化项目施工方案,保障项目工期进度。

（3）集成设计

Fuzor 提供了一个集成设计平台,通过双向 LiveLink 技术提供无缝的工作流程。

（4）虚拟现实

Fuzor 支持以 VR 设备进行虚拟交互。

3.Fuzor 在花湖机场的应用

充电桩工程运用了 Fuzor 的 4D 模拟功能。其基本操作为:首先点击 Fuzor 的更多选项命令,选择 4D 模拟命令,弹出 4D 模拟操作栏,然后设置整体项目开始日期与结束日期,生成进度模拟的时间轴,项目的进度计划可以通过 Project 文件生成的 XML 文件直接导入,也可以在软件中手动录入。具体步骤为:首先点击新建任务命令,创建一条进度条,设置进度条计划开始时间、计划完成时间,然后选择该时间段内需要完成的构件,点击添加选择,完成创建;最后添加直至完成施工过程中的全部操作。Fuzor 施工模拟界面如图 3-54 所示。

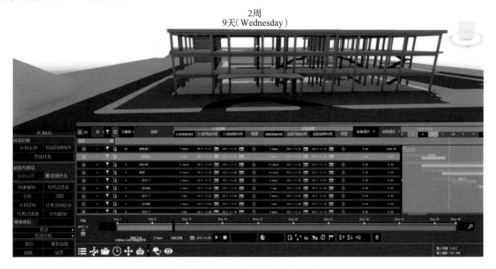

图 3-54　Fuzor 施工模拟界面

4.延伸阅读

由于篇幅所限,本书无法对 Fuzor 的具体操作展开描述,网络上也有很多在线学习资源,可满足用户深入学习的需求。

3.3.4　LumenRT 及其在花湖机场的应用

1.软件简介

LumenRT 被称为"场景模拟软件",可以为数字化的基础设施信息模型创建一个真实的场景，从而将数字化的模型和"逼真"的场景结合起来。在花湖机场建设过程中，LumenRT 软件被用于漫游动画制作、效果图渲染等。

2.软件功能

（1）高质量模型渲染

LumenRT 可以通过插件解析包括 Revit、MicroStaiton 等多种 BIM 数据格式，通过材质的调整和赋予进行高质量的渲染。渲染结果可以保存为高分辨率的图片、模拟的动画，也可输出为实时交互的场景，从而被应用于虚拟现实等多个领域。

（2）模型配景

LumenRT 为模型提供的场景包括景观、周围场景、天气效果、光线控制，以及必要的人物、动物、交通工具、花草树木等景观库，以丰富模型场景。这些场景可以提供动态的、实时的交互效果，可以在一个真实的世界里对基础设施项目进行设计推敲、交流以及相应的模拟，并导出高清图片和视频。

3.LumenRT 软件在花湖机场项目的应用

在鄂州花湖机场数字建造过程中，LumenRT 针对不同显示场景均进行了深度应用，从设计阶段的塔台、飞行区场道工程，至施工深化阶段的排水沟模型均有所应用。LumenRT 渲染效果如图 3-55 所示。

图 3-55　LumenRT 渲染效果

4.延伸阅读

由于篇幅所限,本书无法对LumenRT的具体操作展开描述,目前本软件操作方面的教程较多,例如《LumenRT 虚景大师:实时三维可视化 BIM 设计软件教程》(温从儒编著),读者也可扫描图 3-56 二维码进行软件操作的系统学习。

图 3-56 LumenRT 视频教程

3.4 花湖机场 BIM 软件应用总结

花湖机场调研小组在对国内建设项目 BIM 应用情况调研时,发现了以下几个影响 BIM 价值发挥的问题:①模型与现实的差异问题,由于国内 BIM 模型仅作为设计图纸的补充,实际施工阶段基本不参考模型,导致模型与实际工程脱节,出现"两张皮"现象;②复杂海量构件建模的效率问题,即现有 BIM 软件虽能快速创建项目的整体模型,但对于诸如钢筋、管线、钢结构节点、复杂机电设备等模型的精确建模效率低下;③不同格式 BIM 模型的交互问题,对于来自不同软件厂商的 BIM 模型,进行数据交互容易导致构件信息丢失,对于合模、边界确认等工作产生不利影响。

由于花湖机场 BIM 的定位以及 BIM 应用的深度广度远超其他项目,上述问题在花湖机场建设过程中几乎是必然遇到的。为了解决上述问题,机场在软件应用过程中进行了一系列创新。

3.4.1 模型—现实差异控制策略

为了保证模型与建造过程及建筑本体的高度一致性,有效控制其差别,花湖机场充分发挥 BIM 软件用户(人)、软件成果(模)、建造实际(物)的协同作用。

(1)人模协同的建造过程差异解决方法

人模协同,即一种以模型为中心,各参建方协同工作的模式。花湖机场实践表明,该模式可以弥补 BIM 模型在表达建造过程方面的不足,实现按模施工。具体为:

①提交模型前,施工单位必须进行边界确认,一方面解决相关标段的模型碰撞问题,另一方面明确关联标段的施工工艺,发现可能存在的工作空间冲突;

②存在交叉施工部位的多专业在施工前,相应标段 BIM 人员组织联合交底会,对施

工员进行交底,将施工阶段发生冲突和扯皮的风险降到最低;

③现场施工时跟交叉施工方确定施工时间和施工顺序,确保不会重复施工。

(2)物模联动的建筑产品一致性方案

物模联动,就是让现实中的建筑构件、设备等与模型能够互联互动,促进二者之间形成映射,以确保模型与实物的差别尽可能小。具体为:

①对于常规建筑构件,通过采用基于 BIM 的正向实施模式,直接从 BIM 模型中切图,并以此为依据进行施工,将传统的基于设计院蓝图的建造方式改为基于模型白图的建造方式,实现模-图-物的拉通,最大限度地保证实物和模型的一致性。

②对于由第三方提供的复杂的专业设备,通过联系生产厂家提供实物照片对比来提高建模的准确度。图 3-57 显示了充电桩设备模型与实物的对比。

③对于安检设备等专业设备,设备供应商会提供由 UG、Pro-E 等工业建模软件创建的高精度模型,此时可以基于此高精度模型进行格式转换或者重新建模,得到与高精度模型一致的 BIM 模型。

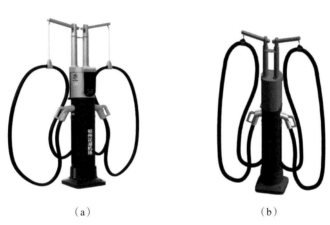

（a）　　　　　　　　　　　（b）

图 3-57　充电桩实物模型对比

（a）实物；（b）模型

3.4.2　复杂海量构件高效精确建模策略

1.研建结合的 BIM 模型创建方案

为了弥补软件现有功能的不足,通过采取插件研发+BIM 建模"研建结合"的建模思路,在保证建模精度的前提下全面提升建模效率。例如,在助航灯光专业,针对灯光工程管线众多、布线复杂、交叉标段众多的问题,灯光工程参建方基于 MicroStation 平台研发了插件以应对电缆及保护管建模、放置灯具等工作量大的管线无法快速建模等情况。该插件可以极大地提升助航灯光模型的建模效率。又如,针对钢筋建模困难问题,机场方联系相关实力强劲的软件公司为机场开发了专门的钢筋建模工具,从而极大地提升了钢筋建模效率。

2.专业分工的多软件综合应用方案

由于不同软件的功能侧重点不同，通过在 BIM 建模阶段按建模目的和建模要求的不同采用针对性的 BIM 建模软件，可以充分发挥各软件的优势，提升建模效率和精确度。以市政工程排水沟为例，该工程建模并不是只使用了一款软件，而是采用了 CNCCBIM OpenRoads、MicroStation、ProStructures 三款软件。其中 CNCCBIM OpenRoads 的优势在于可以生成贴合地形的线性工程，因此选用它实现排水沟主体模型的创建；MicroStation 的精细建模能力比较突出，因此采用它进行排水沟细部节点深化；ProStructures 在绘制钢筋方面效率较高，因此采用它实现排水沟部分钢筋的高效绘制。

3.适配信息属性的建模方法改进

模型精度除了与几何属性有关以外，非几何属性也很关键。然而属性信息的赋予有时会受到建模方式的影响，为此需要灵活调整建模方法，以适配属性赋予。例如，充电桩工程电缆沟属于复杂构件，在建模时最终会对电缆沟的构件进行打组处理，使其成为一个独立的单元格，但是在此过程中长度属性（排水沟工程量按长度计算）会丢失，不利于计量支付。为解决这一问题，相关标段 BIM 小组提出了新的建模方式，即采用预埋线赋予其长度属性，并将长度属性关联到电缆沟的设计属性中，从而成功地解决了电缆沟的计量问题。

3.4.3 多源异构模型数据交互策略

1.基于软件标准的兼容性的事前控制

花湖机场在项目开始之前考虑到软件之间的兼容性问题，制定了《BIM 数据交换与软件选用标准》供各参建单位选用，从而在总体方向上避免了不同类型、不同版本的软件的兼容性问题。

2.专业内数据兼容性解决方案

项目建造过程中，花湖机场允许各参建方结合自己的建设内容动态调整软件以保障 BIM 模型数据的互通互用。例如，充电桩基础模型最初是采用 Revit 深化设计的，但充电桩工程其他专业模型均采用 Bentley 深化设计，因 Bentley 与 Revit 两个平台数据无法直接互通，Revit 文件需要进行格式转换以合模，而格式转换的文件链接到 Bentley 中总会出现标高与原 Revit 设计标高不一致的情况，影响了模型的使用，因此充电桩全专业全部选用 Bentley 系列软件进行模型深化，从而解决软件互通问题。

3.跨专业数据兼容性解决方案

虽然标段内部的 BIM 数据兼容性问题可以通过更换软件解决，但由于专业差异、价格、学习成本等因素，导致不同专业之间很难采用同一种软件。例如，房建相关标段普遍用的是 Autodesk 公司的 Revit 软件，而场道、市政等标段用的多是 Bentley 公司的 MicroStation、OpenRoads 等软件，两个公司的软件数据格式无法直接兼容，为边界确认、合模等工作顺利进行带来了巨大困难。为了解决不同专业 BIM 模型的兼容性问题，花湖机场采取了以下措施：①将模型文件转化为目前 BIM 领域认可的通用数据格式——IFC，实现不同文件格式的统一；②使用目前较为广泛使用的格式转换工具，如 i-model plugin for Revit，将 Revit 的模型文件（rvt 文件）转化为 Bentley 模型文件（dgn 文件），以解决 Revit 与 Bentley 模型文件合模的问题；③自行研发格式转换插件，实现不同专业 BIM 模型的格式转化，如转运中心工程参建方自行研发了将钢结构专业 Tekla 模型转化为土建、机电等专业的 Revit 模型，以实现模型数据格式的统一。

4 花湖机场定制化 BIM 插件研发与应用

4.1 概述

第 2 章的分析表明，现有软件功能无法完全涵盖花湖机场 BIM 正向实施的需求，因此需要进行有针对性的二次开发，以提升和扩展现有软件的功能。与传统开发工作相比，二次开发无须重新开发软件已有的功能，工作量较小，开发周期较短，成本较低，因此成为大型复杂工程 BIM 应用中的重要一环。BIM 软件使用与开发相互协同配合是花湖机场 BIM 应用的突出特色，保障了花湖机场 BIM 正向实施的顺利推进。

基于二次开发的花湖机场工具类软件数量众多，根据用途可以分为以下两类：建模辅助类和属性管理类。其中建模辅助类主要用于提升建模效率，包括单软件建模效率及跨软件的协同效率；属性管理类主要用于为现有模型提供属性继承、挂接、批量处理等属性管理功能。

4.2 花湖机场定制化建模辅助类工具

第 3 章展示了花湖机场使用的主要商业 BIM 软件，虽然软件种类较多，但在建模方面，现有软件的建模能力与花湖机场 BIM 应用的要求仍然存在较大的距离。例如，对于道面板、钢筋等构件的精确建模，以及不同软件的无损交互，现有软件功能强度不够或没有相关功能。因此，花湖机场参建方研发了大量建模辅助类工具，旨在提升现有软件的功能强度，其中比较有特色的工具如道面分块工具、弧形汽车坡道钢筋建模工具、钢结构 Tekla-Revit 交互建模软件（TTR）工具、晨曦钢筋调整工具。

4.2.1 道面分块工具

1.需求描述

在场道工程建模中，需针对水泥混凝土道面进行分块处理，本项目场道专业模型基于 OpenRoads Designer 进行深化设计，由于软件内部没有专业的场道切分工具，工程师手工切分会造成人员成本浪费，仅鄂州花湖机场西跑道需拆分的版块约 25 万块，手工操作工作量巨大。因此，Bentley 公司基于 OpenRoads Designer 研发了对场道道面切分的功能插件，通过快速分块提升工程师施工深化建模效率。

2.功能设计

依据场道分块设计原则，通过对已有图纸进行筛选，调取软件内置切分函数进行道面板块切分，道面切分方式主要有图 4-1 所示的两个情况。

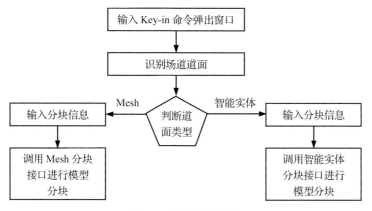

图 4-1　道面切分情形

（1）针对网格体的图形切分方式

OpenRoads 建模技术通过赋予面模板的方式生成场道道面模型，底层函数调用接口与实体建模方式不同。通常在面模板创建完成后，模型是以网格体的方式呈现在用户面前，基于网格体可以创建大场景、大体量的模型，这种方式可以更有效地解决工程上的大体量问题，如图 4-2 所示。

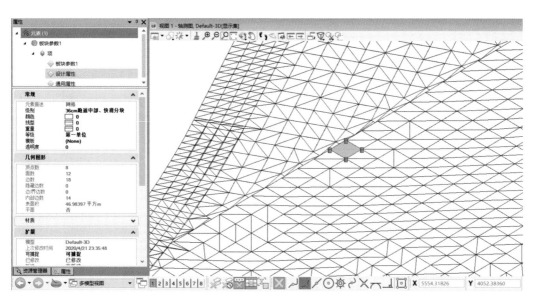

图 4-2　针对网格体的图形切分方式

（2）针对实体模型的图形切分方式

实体建模在 Bentley 软件中比较常用。不同的构造方式选择的研发对象是不一样的，所以在研发过程中，需要针对不同类型的模型进行函数筛选，调用可靠的函数资源解决建模问题。

MicroStation 中使用了三种三维技术：实体建模（Solid Modeling）、B 样条曲面建模（Surfaces Modeling）和网格建模（Mesh Modeling）。在切换到 Modeling 工作流后就能看到图 4-3 所示的这三种三维建模选项卡。

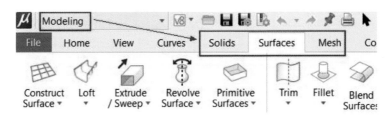

图 4-3　MicroStation 建模选项卡

虽然对同一种三维形体可能这三种建模技术都能使用，但每种建模技术都有其最适合的应用场合。比如，要表达一个山体（数据量巨大但精度要求并不高），采用网格建模技术是最合适的；如果要表达一个汽车外壳（流线形，对精度要求很高的曲面），采用 B 样条曲面就非常合适；而一般的体积不是非常大的三维实体都可用实体建模来表达。所以我们在研发过程中要首先选择使用哪种建模方式去解决问题，标准可控的建模方式才能更有效地提升建模效率。

从开发语言来讲，OpenRoads Designer（ORD）的二次开发支持 C++ 和 C# 语言，其二次开发与 MicroStation 二次开发的关系如图 4-4 所示。OpenRoads Designer（ORD）的二次开发同样也支持 MDL（C++）和 Addin（C# 或 C++/CLI）开发。在 OpenRoads Designer（ORD）二次开发包中支持两种 SDK：一种是只读（Read）SDK，另外一种是可写（Edit）SDK。从字面意义上来讲，我们也可以很容易分清两种 SDK 的用途。只读（Read）SDK，可以读取 DGN 模型中的地模、路线平面线、路线纵断面线、断链、路廊、模板、道路三维模型中的专业信息。可写（Edit）SDK，可以把路线平面线、路线纵断面线、断链、路廊等模型信息按照需求写入 DGN 模型中。现阶段，只有 C# 版的 SDK 包含可写（Edit）SDK 部分。

基于 MicroStation 研发的过程中，同样会用到 OpenRoads 技术，在 OpenRoads Designer 中，任何带有图形表现的实体（Entity）对象中，都嵌入了一个几何体，系统使用此几何体来绘制实体的外观形状。所以，在 OpenRoads Designer 中，任何这种带有图形表现能力的对象也都被称为几何模型（Geometry Model）。它以 Linear Geometry 项目里的几何运算库为基础，根据专业逻辑划分了路线平面线、路线纵断面线、路线横断面模板、路廊模型等道路设计的基本几何内容，另外还有一些工程中常用的桩号系统、标注系统、地模系统等工程方面的几何工具。在 DGN 文件中,实体对象集合会按照特定逻辑层次关系被组织到一个图形容器中, 从而形成一个相对独立的图形单元, 这个图形容器被称为 DGN 模型(使用 DgnModel 类表达)。按照现有设计,一个 DGN 模型可以引用其他 DGN 模型,而被引用的 DGN 模型又可以引用其他 DGN 模型,从而形成以 DGN 模型为基本节点的树状引用关系图。此外, 由于被引用的 DGN 模型既可以与引用的 DGN 模型位于同一个 DGN 文件中,也可以位于不同的 DGN 文件中,通过建立这种引用关系图,可以实现大规模模型的跨文件装配,从而在很大程度上实现模型的构件化、轻量化生产,标准化装配,以及 DGN 文件及其所含 DGN 模型的有效化管理和重用。

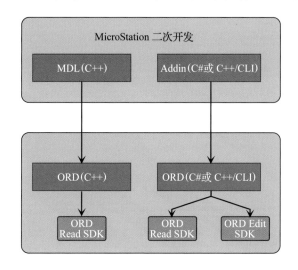

图 4-4　MicroStation 与 OpenRoads Designer 开发 SDK 架构

　　为了有效地提取并使用每个 DgnModel 中所包含的各类实体信息, OpenRoads Designer 提供了面向几何模型(亦即面向 DgnModel)的 SDK,通过它可以读取 DgnModel 中任何与几何模型相关的信息, 从而为数据抽取、转换、深度使用提供了一条简洁而有效的通道。

　　目前, OpenRoads Designer 软件已经发布了 SDK 包,在开发语言上支持 C#和 C++/CLI 两种开发语言,提供的开发功能由三部分组成,分别是 Power Platform SDK、Linear Geometry SDK 和 Geometry Model SDK。

　　①Power Platform SDK:包含了 MicroStation 的 SDK 内容,可以实现所有的 MicroStation 的开发内容。

　　②Linear Geometry SDK:面向路线几何计算的库,包含了路线设计中用到的各种线性及相关算法,如直线、圆弧、回旋线、B 样条曲线、线串及复杂曲线等。

　　③Geometry Model SDK:获取 OpenRoads Designer 程序里工程模型信息的库,如道路中线、路廊信息和超高信息等。

3.应用情况

与同类型工程相比,鄂州花湖机场项目建模精度高、建模广度广、要求质量高,针对高精度建模,软件公司基于 OpenRoads 平台,率先研发出机场快速建模模块,针对不同应用场景进行模块化工作,大大提升了建模效率。

场道道面分块模块是基于场道工程研发的一款分块工具,此工具可针对道面面层模型进行批量分块,机场工程西跑道按设计图纸有约 25 万块道面板块,如工程师一块一块建模会降低建模效率,通过本次研发针对不同的分块线进行快速分块,依据图纸反向切分道面面板,提升建模效率并优化建模质量,道面分块效果如图 4-5 所示。

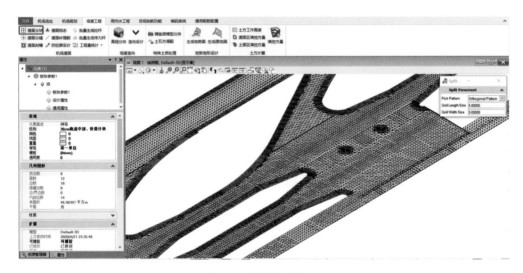

图 4-5　道面分块效果

4.2.2　弧形汽车坡道钢筋建模工具

1.需求描述

在钢筋建模中,主要是人工手动建模,可实现常规梁、板、柱结构的钢筋建立,受 Revit2018 软件的限制,无法对弧形结构的钢筋进行准确建立,如汽车坡道弧形板和汽车坡道弧形墙无法利用 Revit 中的常规功能建模,这就需要利用 Dynamo 参数化设计插件来实现弧形结构钢筋的布置。

Dynamo 是一款以 Autodesk 为平台的 Revit 的参数化设计插件,可进行可视化编程设计,拥有强大的计算式设计功能。根据弧形汽车坡道钢筋布置特点,利用 Dynamo 参数化编程技术将弧形结构钢筋进行立体化,把二维图纸表达的内容进行三维信息化展示,通过输入弧形结构的钢筋间距、钢筋直径、弯钩形式以及保护层厚度等可变参数,自动生成钢筋三维信息模型,并随时根据图纸变动,更改钢筋布置参数,快速调整钢筋模型。

2.功能设计

根据弧形汽车坡道钢筋布置特点,以确定 Dynamo 功能结构,主要分为两个部分。

（1）弧形坡道板结构钢筋配筋

其钢筋布置特点为车道顶板和车道底板的上下两层钢筋网之间设拉筋。车道各板内钢筋在弯道处须按要求呈放射状布置。这就要求在弯道处的横向钢筋随着坡道上升放射状布置,纵向钢筋沿坡道上升螺旋状布置。由此确定基本思路:根据钢筋配置信息和混凝土构件几何信息和钢筋分布特点,计算出钢筋分布参数,来获取钢筋分布空间位置点,通过点连接生成钢筋分布线,然后生成钢筋布置模型,最后以模型为载体,导出钢筋明细表和钢筋模型三维切图。弧形坡道板结构钢筋生成功能结构如图 4-6 所示。

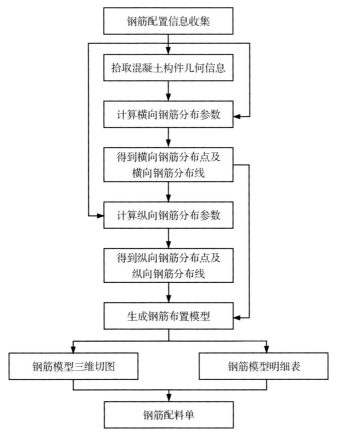

图 4-6　弧形坡道板结构钢筋生成功能结构图

（2）弧形坡道墙结构钢筋配筋

其钢筋布置特点见图 4-7,主要分为竖向通长钢筋、竖向附加非通长钢筋、横向通长钢筋以及拉筋,拉筋是梅花形布置,车道内竖向钢筋是Z形布置,车道外竖向钢筋是[形布置。由此确定基本思路:根据钢筋配置信息和混凝土构件几何信息,通过平移剪力墙侧面,得到分布筋中心线所在平面;根据钢筋分布特点,计算出钢筋分布参数,通过参数对剪力墙侧面进行分割得到竖向和水平钢筋中心线,然后按照拉筋梅花形布置原则对两个方向线的交点进行过滤,得到拉筋梅花形布置点,分别连接两个剪力墙侧面过滤的交点即可得到拉筋布置线。通过上述操作生成的钢筋线快速生成钢筋布置模型,最后以模型为载体,导出钢筋明细表和钢筋模型三维切图。弧形坡道墙结构钢筋生成功能结构如图4-8所示。

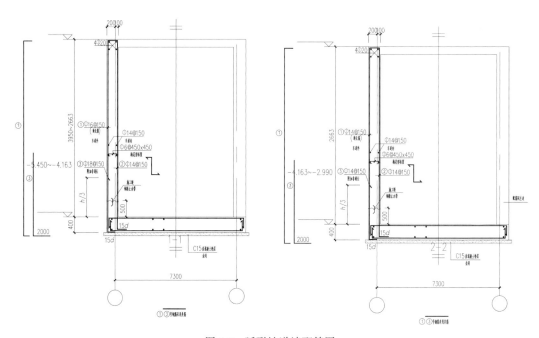

图 4-7　弧形坡道墙配筋图

弧形汽车坡道钢筋的建立按照结构特点,分为汽车坡道弧形板钢筋和汽车坡道弧形墙钢筋两个部分。

(1)汽车坡道弧形板钢筋建立

按照弧形汽车坡道板设计图纸,建立板的混凝土模型,用Dynamo创建弧形汽车坡道板钢筋信息模型,可分为板横向钢筋和纵向钢筋的创建,主要包含以下几个步骤。

①根据设计图纸收集钢筋配置信息,主要包括板厚、纵向钢筋直径、横向钢筋直径、钢筋保护层厚度、纵向钢筋起步距离、横向钢筋起步距离、横向钢筋间距、纵向钢筋间距、板的宽度等,如图4-9所示。

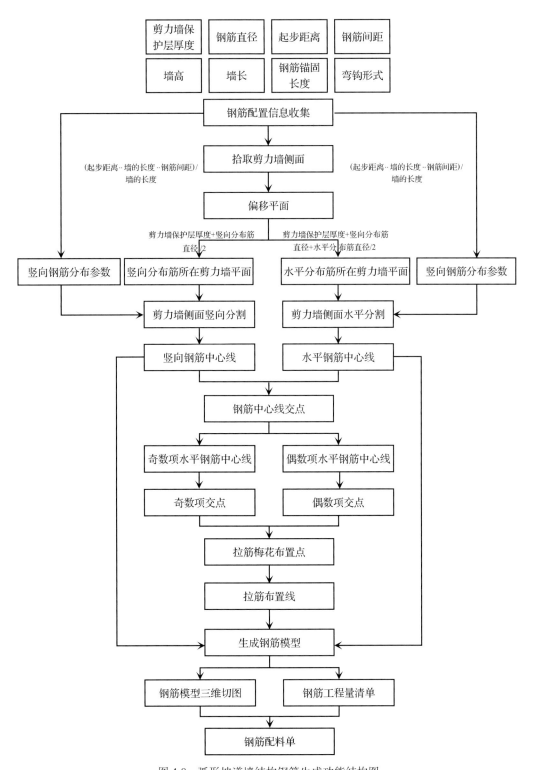

图 4-8 弧形坡道墙结构钢筋生成功能结构图

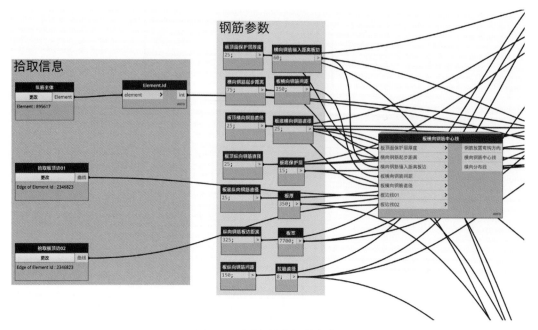

图 4-9　弧形板结构钢筋参数

②利用 Dynamo 拾取 Revit 中混凝土模型作为钢筋主体，然后拾取结构边缘线，通过钢筋间距和钢筋起步距离信息得到钢筋分布参数，生成横向钢筋中心线，如图 4-10 所示。

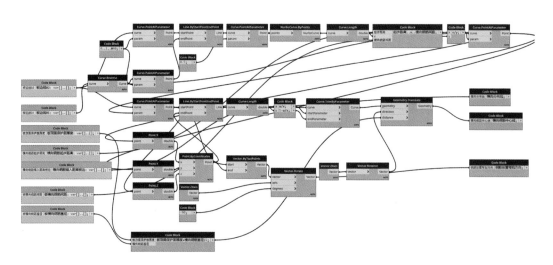

图 4-10　弧形板结构横向钢筋中心线生成自定义节点包

③根据横向钢筋中心线生成钢筋模型。在横向钢筋中心线上依据纵向钢筋分布参数取连续的点，通过分别连接曲线上的点生成三维纵向钢筋中心线。

④根据纵向钢筋中心线生成钢筋模型。通过模型生成弧形结构钢筋布置图纸，生成的图纸为三维钢筋布置图，可显示出每根钢筋的位置，并对不同型号和形式的钢筋进

行编号。

（2）汽车坡道弧形墙钢筋建立

按照弧形汽车坡道墙设计图纸，建立板的混凝土模型，基于建立好的弧形坡道墙结构混凝土信息模型，自动创建钢筋信息模型，钢筋模型的创建可分为以下几个步骤。

①根据设计图纸收集钢筋配置信息，如图 4-11 所示。

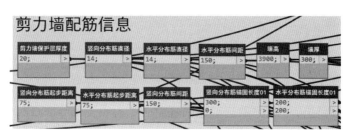

图 4-11　弧形坡道墙配筋信息

②拾取剪力墙混凝土信息模型的侧面作为几何平面，平移剪力墙平面，平移距离为：a. 竖向分布筋中心线所在剪力墙平面的平移距离=剪力墙保护层厚度+竖向分布筋直径/2；b.水平分布筋中心线所在剪力墙平面的平移距离=剪力墙保护层厚度+竖向分布筋直径+水平分布筋直径/2。

③建立竖向分布筋分布参数通用公式：（起步距离‥墙的长度‥钢筋间距）/墙的长度=各根钢筋沿墙水平方向分布的位置。该公式的含义是：对于给定的墙，从起步距离开始到墙的长度为止，期间每隔钢筋间距取一个值，用这个值除以墙的长度，就是某根钢筋相对于墙体起点的相对位置。例如，如果需要在一根长度为 1 m（1000 mm）的墙上布置水平钢筋，钢筋的间距为 200 mm，钢筋起步距离为 400 mm，则（起步距离‥墙的长度‥钢筋间距）/墙的长度=（400‥1000‥200）/1000={400,600,800,1000}/1000={0.4,0.6,0.8,1}，表明在距离墙体起点 0.4 个、0.6 个、0.8 个、1 个墙体长度的位置布置钢筋。通过竖向钢筋分布参数对剪力墙侧面进行竖向分割，得到竖向钢筋中心分布线，如图 4-12 所示。

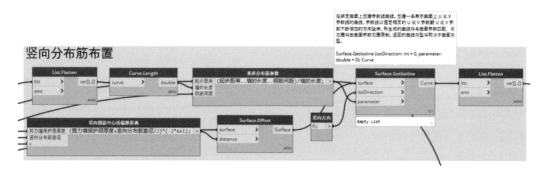

图 4-12　弧形坡道墙竖向分布筋布置

④在 Dynamo 中建立水平分布筋分布参数通用公式：（起步距离‥墙的高度‥钢筋间

距)/墙的高度=各根钢筋沿墙高度方向分布的位置。该公式的含义同竖向分布筋分布参数通用公式。通过水平钢筋分布参数对剪力墙侧面进行水平分割，得到水平钢筋中心分布线，如图 4-13 所示。

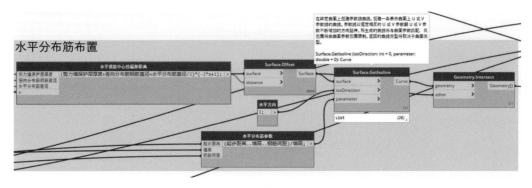

图 4-13　弧形坡道墙水平分布筋布置

⑤通过竖向钢筋分布线与水平钢筋分布线相交可得到交点，按照拉筋梅花形布置规则(每排钢筋隔一布一，上下错开布置)对交点进行过滤，连接剪力墙两个侧面过滤出的交点，即可得到剪力墙拉筋布置中心线。

⑥对竖向和水平钢筋分布线以从起点指向终点的方向为延伸方向，以钢筋锚固长度为延伸距离进行延伸，延伸后即得到最终钢筋中心线，最后根据钢筋中心线生成钢筋模型。

⑦利用 Revit 中切图功能，通过模型生成剪力墙钢筋布置图纸，并对不同型号和形式的钢筋进行编号。

⑧利用 Revit 中明细表功能导出每根钢筋的属性，形成钢筋工程量清单，通过输出三维钢筋切图和钢筋工程量清单来指导现场施工。

3.应用情况

本软件研发是基于花湖机场转运中心综合业务楼工程进行的，综合业务楼有两个汽车坡道，以 1#汽车坡道为例，图 4-14 所示是坡道混凝土信息模型，在转弯处其坡度为12%，转弯半径为 6m。通过 Dynamo 拾取转弯处坡道顶板混凝土信息模型并输入钢筋布置参数可快速生成钢筋模型，如图 4-15 和图 4-16 所示。每根钢筋可通过 Rebar 节点设置钢筋形式、钢筋直径、钢筋弯钩方向、钢筋弯钩形式等，如图 4-17 所示。

在生成汽车坡道顶板钢筋模型后，利用 Revit 的出图功能，通过模型生成坡道钢筋布置图纸，生成的图纸为三维钢筋布置图，可显示出每根钢筋的位置，并对不同型号和形式的钢筋进行编号，如图 4-18 所示。利用 Revit 中明细表功能导出每根钢筋的属性，包括钢筋形式、钢筋直径、钢筋体积、钢筋长度、钢筋数量等，形成钢筋明细表，如图 4-19 所示。通过三维钢筋切图和钢筋明细表相结合的方式来指导弧形汽车坡道板钢筋的加工和现场钢筋的绑扎。

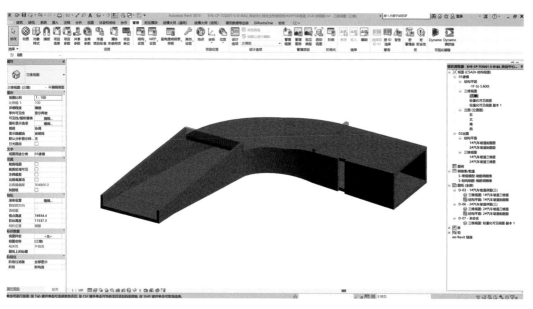

图 4-14　汽车坡道混凝土信息模型

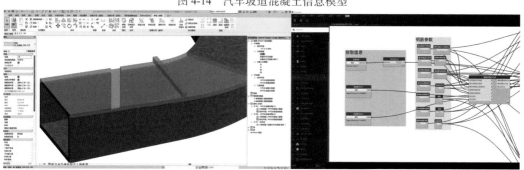

图 4-15　拾取转弯处汽车坡道顶板混凝土信息模型

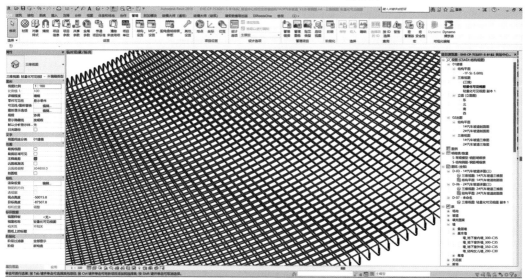

图 4-16　生成转弯处汽车坡道顶板钢筋模型

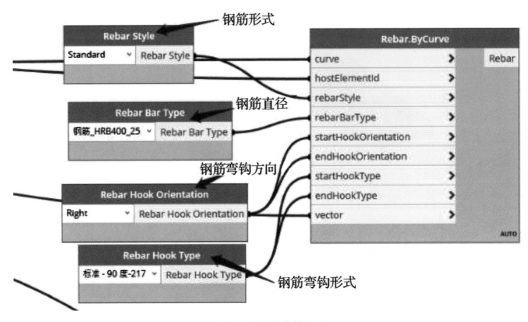

图 4-17　钢筋参数设置

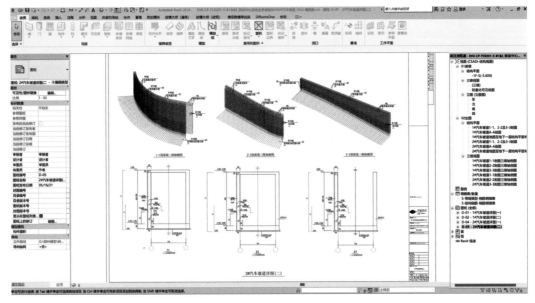

图 4-18　三维钢筋切图

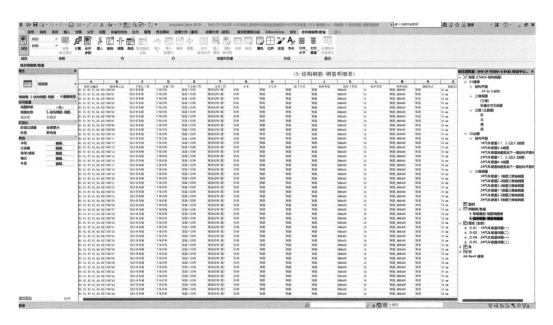

图 4-19　钢筋明细表

弧形汽车坡道钢筋排布复杂,为空间异形构件,钢筋定位困难,传统手工建模无法实现,本项目采用Dynamo进行参数化钢筋建模,通过参数化编码程序组,输入坡道构件钢筋分布参数和钢筋特征值自动生成弧形汽车坡道钢筋三维信息模型。根据特殊部位进行模型切图,提供给人工加工及现场施工。利用 Dynamo 的自动化功能,可以快速生成钢筋模型,并随时根据图纸变更,快速调整钢筋模型和钢筋配料表,提高工作效率。创造的储存介质可保存,并应用于相同形式的弧形结构的钢筋配料,其特点具有可持续性。

4.2.3　钢结构 Tekla-Revit 交互建模软件(TTR)工具

1.需求描述

鄂州花湖机场转运中心主楼项目采用 Tekla Structure 软件进行钢结构模型建模与分析,采用 Autodesk Revit 软件进行多专业模型的整合、分析与统计。因 Tekla 软件与Revit 软件的数据标准不同,两者均无法直接打开对方的模型,需采用 IFC 格式文件作为中间格式进行传导。在 Revit 软件中打开由 Tekla 软件导出的 IFC 格式文件,虽然能显示三维模型,但是构件组成关系、构件属性信息等均会出现异常,无法进行下一步计量分析等应用。因此,需要研发一种模型转换方式,打通 Tekla 软件与 Revit 软件之间的数据壁垒。

2.功能设计

中天集团 BIM 研发团队基于 Revit API 对 Revit 进行二次开发,研发出 TTR 工具集(Tekla To Revit),实现 Tekla 构件模型在 Revit 软件中的高效率、高精度转换。

（1）TTR 工具集实现原理

TTR 工具集实现 Tekla 模型到 Revit 模型的转换过程如图 4-20 所示，主要步骤如下。

①在 Tekla 软件中，将三维模型按构件类型分类导出成 IFC 格式文件；

②用 Revit 软件分别打开各类型构件的 IFC 格式文件；

③在 Revit 软件中，使用 TTR 工具集将原三维模型转换成新的三维模型；

④在 Revit 软件中，将各类型构件的三维模型，重新整合成一个三维模型。

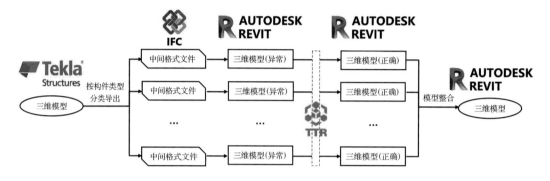

图 4-20 使用 TTR 工具集实现 Tekla 模型到 Revit 模型的转换过程

（2）TTR 工具集功能模块

TTR 工具集的功能模块包括账号管理、钢结构模型应用、土建模型应用、其他应用、族库管理等，各模块的主要功能如下。

①账号管理：账号注册、登录、退出、信息管理等。

②钢结构模型应用：钢结构模型的翻模与分析。

③土建模型应用：钢筋混凝土结构相关的模型翻模与分析。

④其他应用：修改 Revit 族类型、族名称等。

⑤族库管理：对工具集配套使用的 Revit 族进行统一的版本管理，并提供下载、搜索等功能。

TTR 工具集各功能模块与子功能名称见表 4-1。

表 4-1 TTR 工具集各功能模块与子功能名称

序号	功能模块	子功能	备注
1	账号管理	账号登录	内置账号注册、账号信息修改、找回密码等功能
2		账号退出	
3		账号详情	
4	钢结构模型应用	铆钉翻模	
5		锚栓翻模	

续表 4-1

序号	功能模块	子功能	备注
6	钢结构模型应用	埋件翻模	
7		角钢翻模	
8		普通螺栓翻模	
9		高强螺栓翻模	
10		H 型钢梁翻模	
11		钢梯踢面翻模	
12		斜拉条翻模	
13		直拉条翻模	
14		支撑翻模	
15		Z 型檩条翻模	
16		隔撑翻模	
17		衬条板翻模	
18		钢管轮廓修改	
19		上部油漆总面积	
20	土建模型应用	连接结构基础	
21		钢筋网钢筋总长	
22		钢筋网区域面积	
23		桁架翻模	
24	其他应用	修改族名称	
25		修改族类型	
26		修改族类型名称	
27		修改材质	
28	族库管理		内置族搜索、族下载等功能

　　TTR 工具集是基于 Revit API,采用 C#语言对 Revit 进行二次开发得到的,它以插件的形式集成于 Revit 软件环境中,如图 4-21 所示。

图 4-21　TTR 工具集(Revit 功能栏)

(3)TTR 工具集系统架构

　　TTR 工具集系统采用 C/S 架构,即用户信息、Revit 族文件等存放在云端服务器,客户端以 Revit 插件形式集成于 Revit 环境中,如图 4-22 所示。

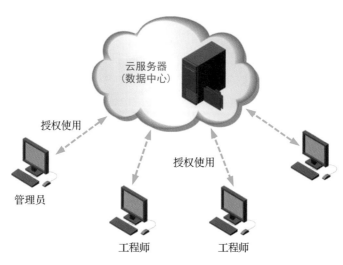

图 4-22　TTR 工具集 C/S 架构

　　TTR 工具集的系统层级包括数据管理层 DML、数据访问层 DAL、业务层 BL、服务层 SL、公共基础设施层 CIL、表现层 UIL 等,如图 4-23 所示。系统数据管理采用 MySQL 数据库(部署于云服务器中),系统通信采用 WCF 技术,交互界面采用 WPF 技术。

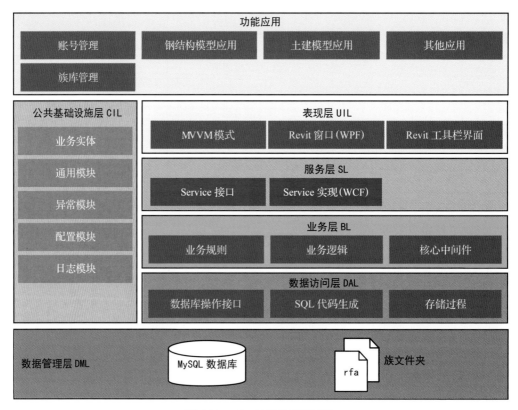

图 4-23　TTR 工具集系统层级

（4）族库管理

族库管理的主要功能是对工具集配套使用的 Revit 进行统一的版本管理，并提供下载、搜索等功能，其主界面如图 4-24 所示，用户下载族文件的 UML 时序图如图 4-25 所示。

族库中的 Revit 族均是参数化族，其名称、类型参数、实例参数等的设置均与 TTR 工具集的程序算法相匹配。

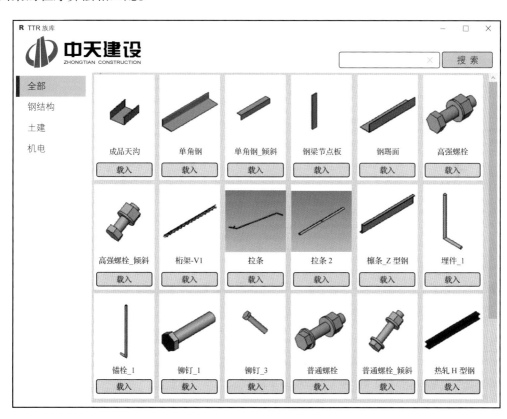

图 4-24　TTR 工具集族库管理

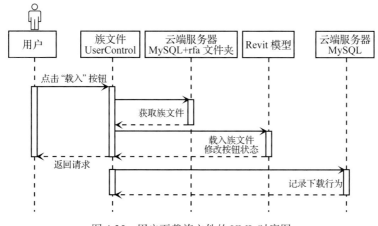

图 4-25　用户下载族文件的 UML 时序图

（5）钢结构模型应用

钢结构模型应用的主要功能是对钢构件进行翻模,包括铆钉、锚栓、角钢、拉条、螺栓等的翻模。以铆钉翻模为例,程序算法的思路如下。

第一步,读取构件几何信息与空间坐标等信息。

①调用 FilteredElementCollector(Document)方法过滤出所有构件模型。

②调用 Revit API 提供的 GeometryElement Element.get_Geometry(Options options)方法,分析并获取构件模型的几何元素,包括面(Planar Face)、线(Curve Line)等。

③获取构件模型的几何元素的尺寸大小, 包括面(Planar Face)的面积(Area)、线(Curve Line)的长度(Length)等。

④获取构件模型的空间坐标信息,包括三维坐标 *XYZ* 及旋转角度 RotateAngle。

第二步,设计参数化族。

在分析并获取构件模型的三维信息时,应同时考虑参数化族的建族方式,包括定位原点、附着方式、类型参数、实例参数等。

第三步,生成新的构件模型。

①载入自定义的参数化族后,根据原构件模型的不同尺寸,调用 FamilyType FamilyManager.NewType 方法新建多个族类型并激活,调用 ParameterSet Element.Parameters 方法获取族参数信息,调用 bool Parameter.Set( )方法设置族参数值。

②调用 FamilyInstance NewFamilyIntance(XYZ location, FamilySymbol symbol, StructuralType structuralType)方法在指定位置生成新的族实例模型,再根据旋转角度,调用 ElementTransformUtils.RotateElements(Document document, ElementId elementToRotate, Line axis, double angle)方法调整方向。

第四步,删除导入的 IFC 文件。

调用 ICollection<ElementId> Document.Delete(ElementId elementId)方法删除原构件模型,最终得到符合要求的 Revit 模型。

3.应用情况

TTR 工具集以插件形式集成于 Revit 软件环境中,使用便捷,同时配套族库管理,使其更新迭代、版本控制等更加灵活。TTR 工具集共开发出 35 项功能以及 20 个参数化族,实现了 Tekla 模型到 Revit 模型的高效率、高进度转换,满足了鄂州花湖机场转运中心主楼的钢结构模型的转换要求,其实现效果如图 4-26 所示。

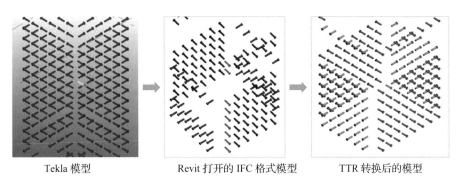

| Tekla 模型 | Revit 打开的 IFC 格式模型 | TTR 转换后的模型 |

图 4-26 TTR 工具集实现效果（以铆钉为例）

4.2.4 晨曦钢筋调整工具

1.需求描述

花湖机场 BIM 正向实施的要求决定了钢筋必须在 BIM 模型中创建。然而,由于目前主流 BIM 软件都来源于国外,这些软件大都基于国外工程设计施工流程及人员工作习惯而开发,无法与中国建筑业完美契合,导致钢筋,尤其是 Revit 平台的钢筋建模问题最为突出。例如:①每个构件的每根钢筋既要做出来,又要符合规范,手工创建钢筋,一次只能布置一种规格的钢筋,建模效率低下;②一边查找图集规范计算钢筋,一边手动创建钢筋模型,导致审核过程中问题很多,每次提交审核,问题至少在 10 个以上;③布置出来的不同类别的构件钢筋间距不符合规范,如箍筋间距未按 200mm 的标准,而是按198mm 的标准;④布置的钢筋模型不标准,如柱、梁等构件的纵筋未被箍筋箍住;⑤设置的保护层不符合规范;⑥许多构件的钢筋实体间有碰撞,如板的 X 向面筋和 Y 向面筋交叉。因此,解决上述问题,实现详细、准确、快速、便捷的钢筋建模工具研发,支撑钢筋建模、深化、下料、出图等关键工作,是花湖机场钢筋方面 BIM 应用的重大需求之一。

2.功能设计

针对上述需求,福建晨曦信息科技集团股份有限公司研发团队,基于 Revit API 对Revit 进行二次开发,研发钢筋调整、长度调整功能,实现对钢筋实体位置和长度的高效率调整。钢筋调整功能主界面如图 4-27 所示。

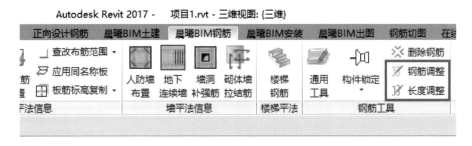

图 4-27 钢筋调整功能

（1）钢筋调整

本功能用于快速调整钢筋的偏移位置及角度，避免钢筋碰撞。操作步骤如下：

①点击"晨曦 BIM 钢筋"选项卡，点击"钢筋调整"功能，勾选选择方式，如图 4-28 所示。

图 4-28　钢筋调整步骤 1

②选择"按构件选择"方式。点击"选择构件"，视图中点选构件图元，点击左上角"完成"，界面中显示选中图元内的所有钢筋类型，且图元中钢筋实体高亮显示，选择偏移起点，输入偏移值，偏移起点选择项包含参照面标高、构件顶标高、构件底标高、钢筋实际点位四种选项。偏移值为 X、Y、Z 方向偏移的数值，支持输入格式：a. lae、lle、la、ll、lab、labe 或数字*以上数值；b. 具体数字、具体数字*d、bhc；c. 特例，柱构件支持输入"Hn/具体数字"；d. 旋转角度，支持输入 −360° ～ 360° 中任意角度值。输入完成后点击"应用"，完成操作，如图 4-29 所示。

图 4-29　钢筋调整步骤 2

③选择"按钢筋选择"方式。点击"选择构件"，视图中点选构件图元，点击左上角"完

成"，界面中显示选中钢筋类型的名称，且图元中钢筋实体高亮显示，选择偏移起点，输入偏移值，点击"应用"，完成操作，如图 4-30 所示。

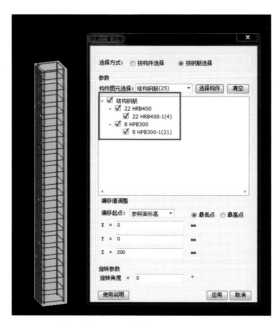

图 4-30　钢筋调整步骤 3

（2）长度调整

长度调整功能用于快速调整实体钢筋的中心线长度。操作步骤为：

①点击"晨曦 BIM 钢筋"选项卡，点击"长度调整"功能，点击选择方式，如图 4-31 所示。

图 4-31　长度调整步骤 1

②选择"选构件"方式。点击"选构件"，视图中单选或框选构件图元，点击左上角"完成"，界面中显示选中图元内的所有钢筋类型，且图元中钢筋实体高亮显示，选择钢筋编号，在下方"长度"列中修改长度值。其中长度值对应钢筋的中心线长度，与 Revit 中"编辑草图"功能下的草图长度一致。长度值允许输入的格式为：lae、lle、la、ll、lab、labe 或数字*以上数值；具体数字、具体数字*d、bhc。输入完成后，点击"应用"，完成操作，如图 4-32 所示。

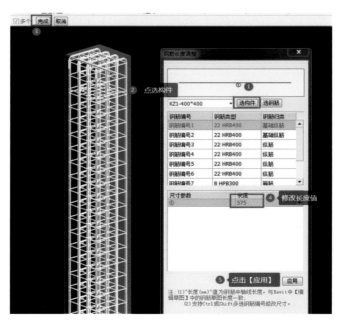

图 4-32　长度调整步骤 2

③选择"选钢筋"方式。点击"选钢筋",视图中单选或框选钢筋实体,点击左上角"完成",界面中显示选中钢筋的类型、归类、型号等,且图元中钢筋实体高亮显示,选择钢筋编号,在下方"长度"列中修改长度值,点击"应用",完成操作,如图 4-33 所示。

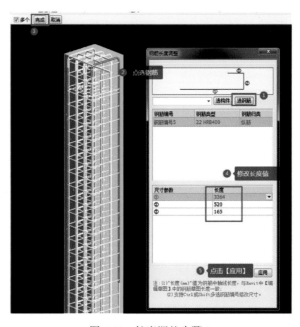

图 4-33　长度调整步骤 3

3.应用情况

此工具作为晨曦钢筋软件为花湖机场建设开发的定制功能,极大地提升了钢筋深化过程中的工作效率,并与软件其他原生功能一起,在鄂州花湖机场建设过程中为房建标、市政标、电力标等十余家施工单位提供钢筋深化的支撑,深受使用者和业主方的广泛好评。

4.3 花湖机场定制化属性管理类工具

BIM模型除了包含几何信息之外,还包含非几何信息,且绝大多数非几何信息都是以属性信息的形式表达。相比于几何信息,属性信息更加清晰、直观、结构化,更容易直接支撑建设过程中的各项业务、各类软件的信息需求。因此,对 BIM 模型属性信息的管理效果,直接影响着 BIM 价值发挥程度。然而,现有 BIM 软件在属性信息管理上存在局限性,例如某些 BIM 软件人工添加、修改属性信息较烦琐;不同格式的 BIM 软件互导时可能造成属性信息的丢失。为了解决上述问题,花湖机场针对属性管理的需求研发了相应的定制化属性管理工具,花湖机场各参建方自行研发了大量的属性管理工具,其中有代表性的工具包括钢结构 Tekla-Revit 参数属性转换工具,基于 Dynamo 的模型属性添加查看工具、Revit 和 Bentley 平台下的编码工具。

4.3.1 钢结构 Tekla-Revit 参数属性转换工具研发

1.需求描述

传统的钢结构模型交互都是通过 Tekla 软件建模后,将模型转换为 IFC 中间格式,再导入 Revit 中,但导入的钢结构模型只能使用三维查看功能,很难添加自定义的属性,这一局限导致了导入 Revit 的钢结构模型无法通过明细表功能输出工程量,从而无法满足花湖机场模型计量计价的要求。通过钢结构建模软件研发,将 Revit 和 Tekla 两大平台数据打通,开展构件的编码及参数赋予,实现跨平台数据的无损交互,避免出现构件数据丢失,从而避免双平台双线深化的重复工作。

2.功能设计

本插件工具旨在构建一种基于 BIM 的钢结构模型构件快速数据交互的方法,基于 Revit 模型工程计量,将 Revit 和 Tekla 两大平台数据打通,开展构件的高效无损编码及参数赋予,避免 Revit、Tekla 双平台双线深化的重复工作,节省人力物力。插件编写基于 Revit 自带的 Dynamo 模块,包含基于 BIM 的钢结构模型格式转化、基于 BIM 的钢结构模型构件类型数据交互、基于 BIM 的钢结构构件快速编码三大主要功能,如图 4-34 所示。

基于 BIM 的钢结构模型格式转换功能的实现方法为:①基于 Tekla 的深化模型将钢结构模型以零件状态分批转换为 IFC 文件导出;②将导出的 IFC 钢结构模型文件用 Revit 软件打开,钢结构零件以系统族的形式存在于 Revit 环境中。

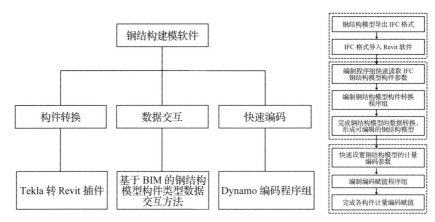

图 4-34　钢结构模型构件快速数据交互流程图

基于 BIM 的钢结构模型构件类型数据交互功能的实现方法为：①基于 BIM 快速读取钢结构构件参数值及图元数据；②依据读取的图元几何体数据（包含几何体的几何信息和位置信息），将几何体数据复制到一个公制常规族样板中，构件图元的几何体在项目文件和公制常规族中都基于世界坐标系保持几何和位置一致，依据读取的编号和命名参数作为新生成的公制常规族名称，使名称唯一；③将生成的公制常规族构件载入项目，基于项目坐标原点放置，依次实现每一个构件的重新生成和载入放置；④删除 Revit 模型中的系统族，保留转化成可编辑的钢结构构件模型。

基于 BIM 的钢结构构件快速编码功能的实现方法为：①基于 BIM 开发程序组快速设置已转化钢结构 Revit 模型类别的计量编码参数名称；②依据项目计量计价的编码格式，基于 BIM 开发程序组对已转化的钢结构 Revit 模型构件逐一进行计量编码。

插件的应用包括以下三个步骤：

步骤一，基于 BIM 的钢结构模型格式的转换方法。

①基于 Tekla 的深化模型将钢结构模型以零件状态分批导出 IFC 文件；

②将导出的 IFC 钢结构模型文件用 Revit 软件打开，钢结构零件以系统族的形式存在（图 4-35）。

步骤二，基于 BIM 的钢结构模型构件类型数据交互方法。

①用 Dynamo 中的节点 Select Model Elements 选择要转化的图元；

②用 Element.Solids 提取被选择图元的几何体 Solids，用节点 List.GetItemAtIndex 将 Solids 列表降为只有 Solid 的一级列表；

③用 File Path 将 Revit 软件的公制常规模型 .rft 族模板引入；

④用 Element.GetParameterValueByName 读取图元 IfcDescription 参数值，并用 String.Replace+List.Map 节点将参数值里的"*"替换为"x"，再用'+'节点在字符串后加空字符"　"；

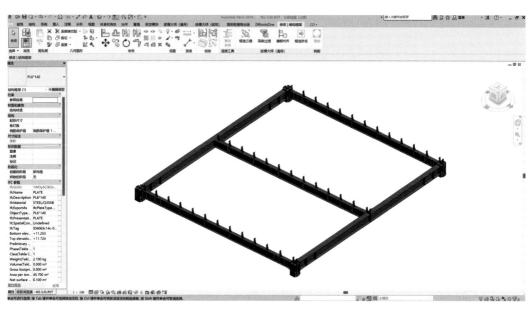

图 4-35　IFC 导入 Revit 模型示例

⑤用 List.Count 计取图元数量,并用节点 Range 生成一个从 1 到图元数量的一个数字列表,再用'+'节点在数字后加符号"–";

⑥用 Element.GetParameterValueByName 读取图元 Reference 参数值,并用 String.Replace+List.Map 节点将参数值里的"(？)"去掉;

⑦用'+'节点将步骤二里④、⑤、⑥生成的字符串列表按④、⑤、⑥的顺序拼接成一个字符串列表;

⑧用节点 Categories 族类别选择器选择"常规模型";

⑨将步骤二中的②、③、⑦、⑧得到的列表分别赋给节点 Springs. FamilyInstance. ByGeometry 中的参数几何属性、族路径、族名称、族类型等,完成族类别转化;

⑩删除Revit模型中的系统族,保留转化成可编辑的钢结构构件模型,如图4-36所示。

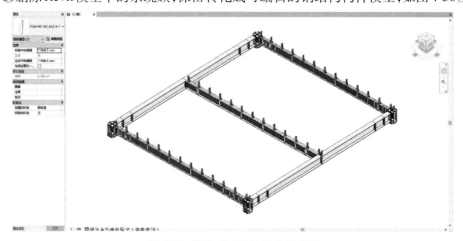

图 4-36　数据交互后的可编辑模型

步骤三，基于 BIM 的钢结构构件快速编码方法。

①用 Element.GetCategory 节点读取已转化的钢结构 Revit 模型的模型类别；

②用 Parameter.CreateProjectParameter 节点给此模型类别创建"计量编码"实例参数名称，并将此实例参数划分到文字参数组中，如图 4-37、图 4-38 所示；

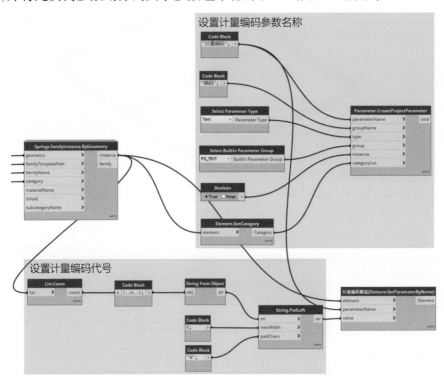

图 4-37　模型构件自动计量编码程序组

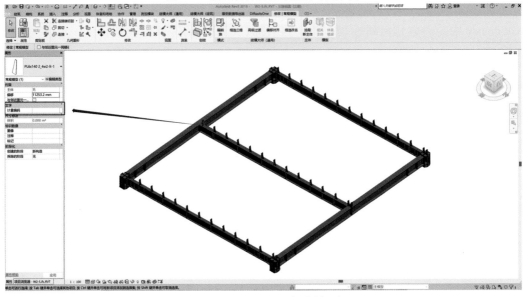

图 4-38　"计量编码"实例参数示例

③用 List.Count 节点读取已转化的钢结构 Revit 模型的构件数量,并结合 code block 节点创建编号代码;

④用 String from Object 节点对编号代码进行字节符 string 转化(此时计量编号都为整数 int,需将其转化为字节符 string,才能给模型构件赋值编码);

⑤按照符合项目计量计价的编码格式,用 String.PadLeft 节点对计量编码字节符进行调整,如图 4-39 所示;

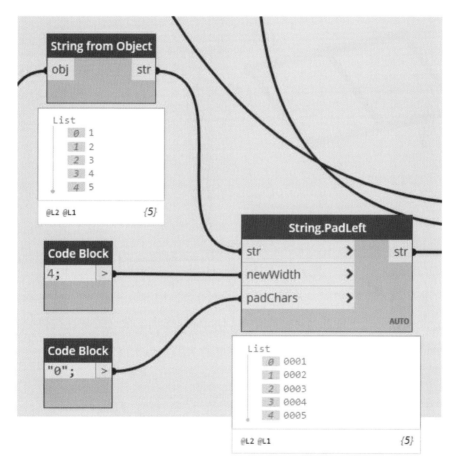

图 4-39 计量编码程序组

⑥用 Element.SetParameterByName 节点将计量编码添加到模型构件中,此时构件实例参数计量编码添加完成,如图 4-40 所示。

3.应用情况

本项目通过 Dynamo 参数化方式,进行 Tekla 模型转换及钢结构编码工作,取得了很多成效,通过精确划分钢结构构件类型,精确赋予唯一的计量编码数值,为项目工程造价提供精确依据,提升了钢结构模型数据交互的完整性,避免出现构件数据丢失,从而避免双平台双线深化的重复工作,节省人力物力。该工具的可操作性强,适用性强,钢结构模型数据交互准确性更高。本软件研发目的是提升数据交互性能、输出成果的可编辑性能，以利于后期的加工及运输，适用于各种钢结构模型。

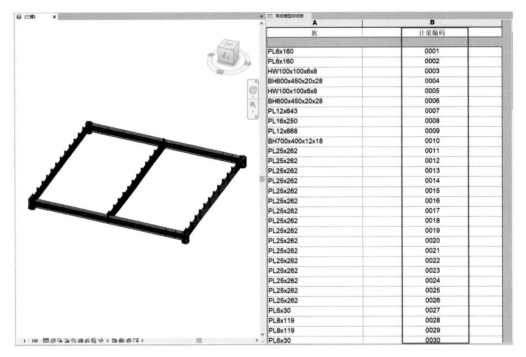

图 4-40　模型构件"计量编码"明细表

在项目钢结构模型转换过程中，也有一些问题仍需继续研究处理，如 Revit 软件在打开 IFC 文件时偶尔出现几何体的面缺失，Dynamo 无法读取这些缺面构件的 Solid，就无法把这些系统族转化为可载入族，编码插件偶尔会出现编码重复情况，还需在后续使用过程中进行改进更新。

4.3.2　基于 Dynamo 的模型属性添加查看工具

1.需求分析

花湖机场飞行区房建二标 BIM 按照实际需求选择 Revit 软件建模，在软件中对于结构基础(试桩、工程桩)使用载入族—结构基础创建，但是软件实例属性栏中未显示桩长度及体积参数，用户只能切换到明细表视图查找，为此必须中断建模工作，影响建模效率。为了便于班组人员打开模型就能直接查看属性获取数据，必须进行插件开发以实现构件属性数据的添加。

2.功能设计

为了满足 Revit 图元附加个性化属性，以提升建模效率的需求，本案例基于 Dynamo 开发了插件，对构件属性项进行自动化填写。具体方法为：

①添加 "string"（字符串）节点，节点内输入参数名称 "结构体积"；

②添加 "Select Parameter Type"（选择参数类型）节点，节点内选择 "Volume"（体积类型）；

③添加 "Select BuiltIn Parameter Group"（选择参数分组）节点，节点内选择 "PG_GEO METRY"（尺寸标注分组）；

④添加 "Boolean"（布尔/是或否）节点，节点内选择 "True"（是）；

⑤添加 "Categories"（选择构件类别）节点，节点内选择 "结构基础"；

⑥添加 "Parameter. CreateProjectParameter"（创建项目参数）节点，将以上节点按图 4-41 所示进行连接；

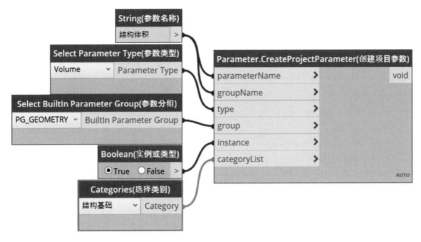

图 4-41　节点连接 1

⑦添加 "All Elements of Category"（获取指定类别的所有图元）节点；

⑧添加 "Element.Solids"（获取图元实体）节点；

⑨添加 "Solid.Volume"（图元实体总体积）节点，将以上节点按图 4-42 所示进行连接；

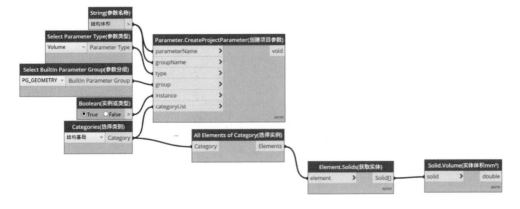

图 4-42　节点连接 2

⑩因模型中默认尺寸以"mm"为单位,体积如果换算为"m³"需要除以"1000000000",所以添加"Code Block"节点,并在节点中输入"1000000000";

⑪添加"/"(除)节点,将以上节点按图 4-43 所示进行连接;

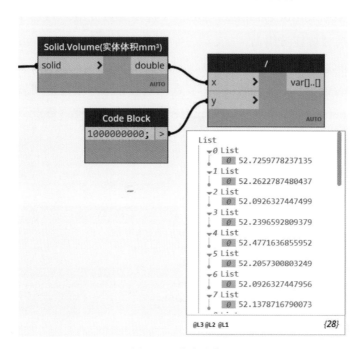

图 4-43　节点连接 3

⑫对以上结果列表数据进行处理,需添加"List.Flatten"(按一定数量展开列表的嵌套列表)节点,将以上节点按图 4-44 所示进行连接;

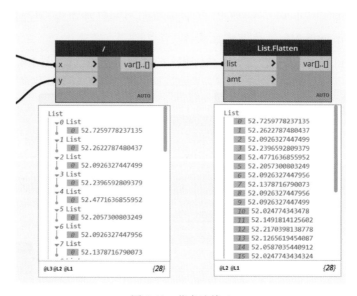

图 4-44　节点连接 4

⑬添加 2 个"String"（字符串）节点，节点内分别输入参数名称"顶部高程""底部高程"；

⑭添加 2 个"Element.GetParameterValueByName"（通过参数名称获取图元参数值）节点，将以上节点按图 4-45 所示进行连接；

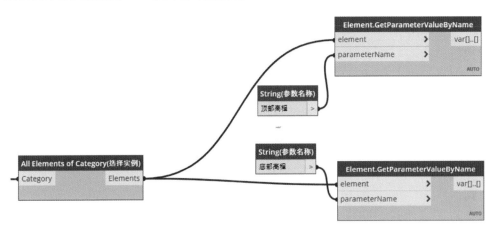

图 4-45　节点连接 5

⑮添加"—"（减）、"／"（除）、"Code Block"节点，并在"Code Block"节点中输入"1000"，将以上节点按图 4-46 所示进行连接；

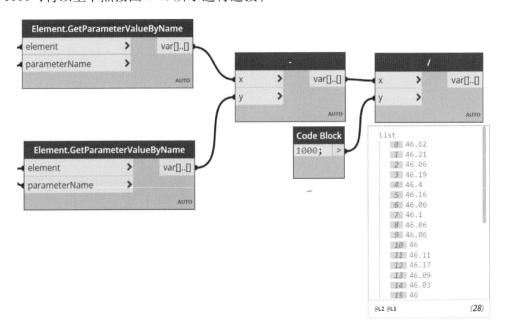

图 4-46　节点连接 6

⑯添加"String"（字符串）节点，在节点中输入参数名称"桩长"，添加"String from Object"（对象转换为字符串）节点；

⑰添加 "Element.SetParameterByName"（通过参数名称设置图元参数值）节点，将以上节点按图 4-47 所示进行连接；

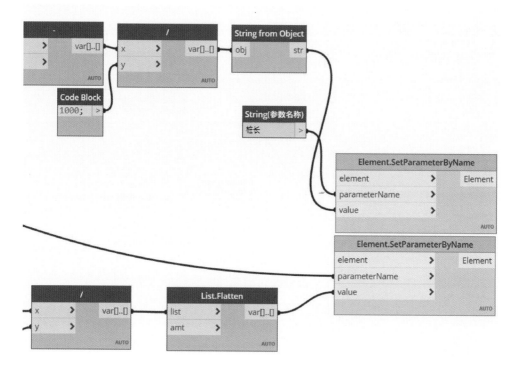

图 4-47　节点连接 7

⑱将获取的图元输入 "Element.SetParameterByName" 节点，所有节点按图 4-48 所示进行连接；

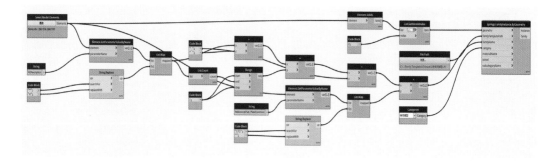

图 4-48　节点连接 8

⑲最终运行插件程序如下图 4-49、图 4-50 所示。

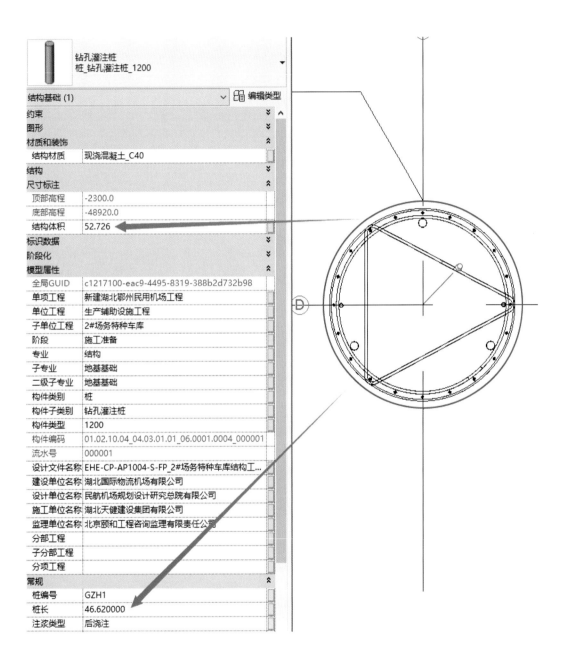

图 4-49　插件运行结果 1

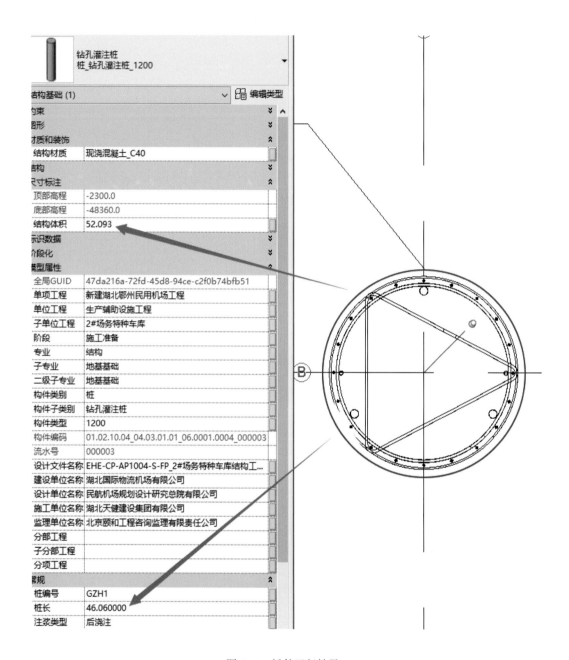

图 4-50　插件运行结果 2

3.应用情况

通过该插件使参数值可以随着模型修改进行一次性自动更新,避免了因人工输入出错的问题,大大提高了建设工程中,试桩、工程桩的竣工模型的修改效率,便于施工人员通过模型直接读取数据。

4.3.3 Revit 软件编码工具研发

1.需求描述

鄂州花湖机场项目中,为赋予(BIM)模型构件唯一识别码,便于模型构件计量、验评及后期运维等应用,需对模型构件逐一进行编码。鄂州花湖机场项目包括多个单项单位工程,单体形式多样,模型构件类型繁多,构件数量可达百万级,若采用人工编码的方式,或 Dynamo 逐类别编写调用内嵌函数块方式,不但工作量巨大,而且难以确保编码的规范性、唯一性,因此在设计平台上进行编码工具的开发很有必要,可大幅度减少编码的工作量,确保编码的唯一性。

2.关键功能

编码工具是在项目模型结构分类编码规则及属性要求规则统一融合的基础上,提供数据构件编码、模型结构新增扩展、模型属性信息审核等功能的插件,并实现与平台管理模块规则库的对接。编码插件使用流程如图 4-51 所示。

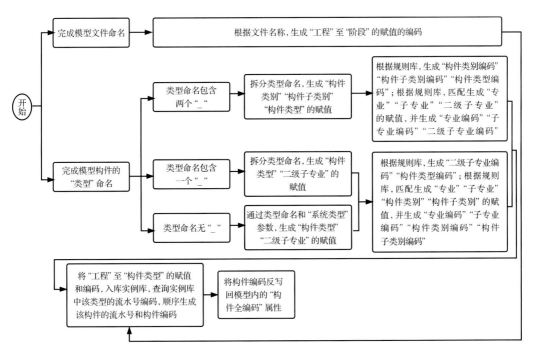

图 4-51 编码插件使用流程

编码工具主要分为五大主要功能模块:用户管理、构件属性赋值、模型构件入库、模型构件编码、模型构件审核。各模块主要命令如下。

（1）用户管理

用户账户信息管理,新用户可以通过邮箱或手机号获取验证码进行注册,按分组和单位进行管理,待审批通过后可登录使用。

支持用户登录、修改密码、根据分配的权限使用功能按键。

(2)构件属性赋值

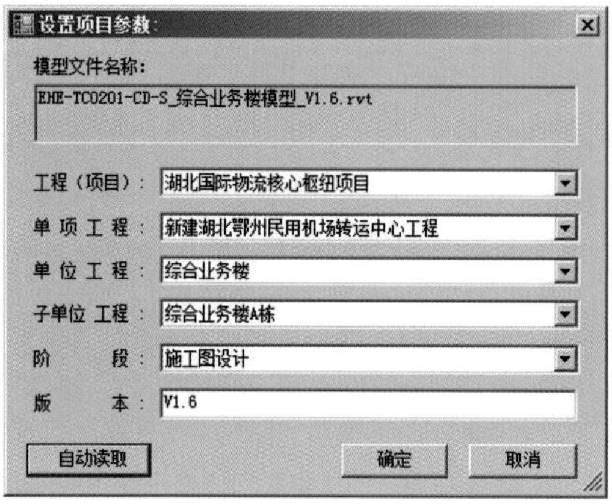

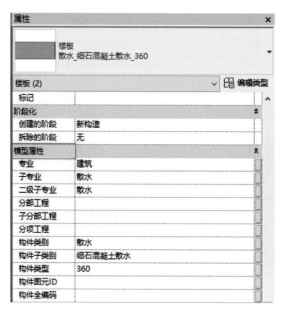

图 4-52　构件属性项目参数设置示意图

构件编码根据构件属性的赋值内容确定,构件属性主要包括项目信息和模型属性。

项目信息为模型共有的属性字段,包含工程(项目)、单项工程、单位工程、子单位工程和阶段。编码工具可以根据模型文件的命名规则,自动获取相应的项目信息编码,并将与编码相对应的项目信息填在图 4-52 所示的下拉列表框中。

模型属性为每个单构件独有的属性字段,与编码有关的属性字段包含专业、子专业、二级子专业、构件类别、构件子类别、构件类型,如图 4-53 所示。

图 4-53　模型属性示意图

(3)模型构件入库

模型构件编码属性字段赋值完成后,即可进行构件入库,将模型构件上传入数据库。入库之前,程序会自动对构件属性值进行校核,不满足要求的构件,将无法入库。构件入库对话框如图 4-54 所示。

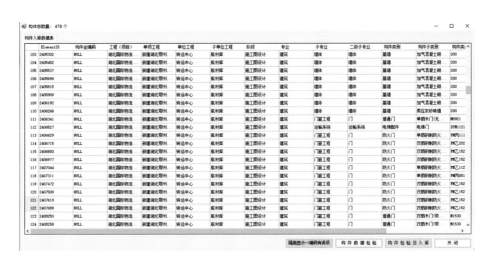

图 4-54　模型构件入库示意图

（4）模型构件编码

对已经入库的构件自动编号，不需要用户做任何其他操作，编码工具自动生成构件序列号。

对已入库并自动编号的构件，将数据库中的编码信息写回到模型文件的"构件编码"参数中，写全编码是把已带有序列号的 12 个字段编码写回到"构件全编码"属性中，如图 4-55、图 4-56 所示。

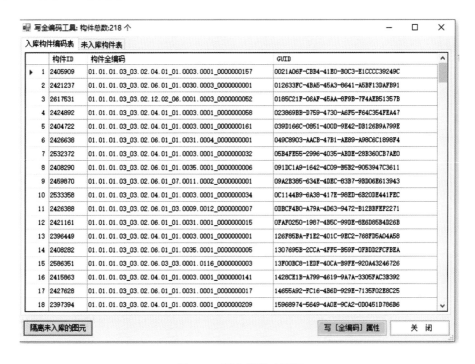

图 4-55　写全编码对话框

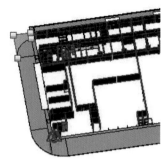

图 4-56 构件全编码示例

（5）模型构件审核

①核查族类型命名特殊字符。检查构件命名中的符号是否符合标准要求（如乘号为×），若存在不正确，则弹出图 4-57 所示界面，勾选替换框。

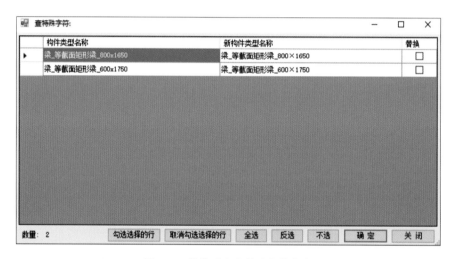

图 4-57 族类型命名特殊字符审查

②模型构件属性审核。构件属性审核功能主要是审核构件属性是否赋值，及赋值内容是否满足规定的字段格式要求。

模型构件属性审核原理如图 4-58 所示。

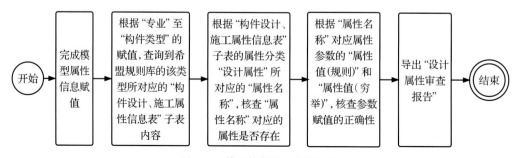

图 4-58 模型构件属性审核原理

其中，"构件设计、施工属性信息表"子表内容如表 4-2 所示。

表 4-2 设计施工属性表

专业	子专业	二级子专业	构件类别	构件子类别	构件类型（规则）	构件类型（示例）	构件编码	构件属性				
								属性分类	属性名称	属性值（规则）	属性值（穷举）	单位
结构	地基基础	地基基础	桩	钻孔灌注桩	截面参数：直径（mm）	800	03.01.01_06.0001.0001	设计属性	扩底直径	数字	/	mm
									桩直径	数字	/	mm
									桩长度	数字	/	m
									混凝土强度等级	大写"C"+数字	C10,C15,C20,C30,C35,C40,C45,C50,C60	—
									抗渗等级	大写"P"+数字	P4,P6,P8,P10,P12	—
								施工属性	混凝土配合比	数字：数字	/	—
									水灰比	数字	0~1	—
									坍落度	数字	/	cm
……	……	……	……	……	……	……	……	……	……	……	……	……

选择构件，点击"属性参数完整性检查"，弹窗内显示被选择的构件类型的属性参数的完整性，属性参数具备且正确绿色显示，属性参数不具备黄色显示，属性参数具备但赋值错误红色显示，如图 4-59 所示。

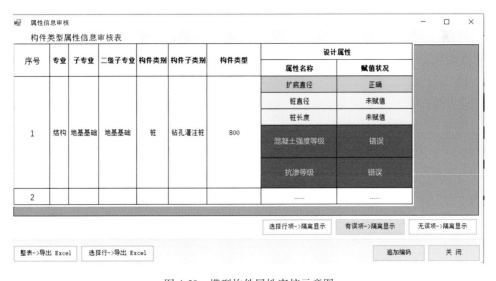

图 4-59 模型构件属性审核示意图

3.应用情况

鄂州花湖机场项目，编码工具注册使用用户人数为 123 人，模型关联方单位 12 家（图 4-60）。截至 2022 年 7 月，编码工具数据库中统计已入库模型文件数量为 4537 个，构件数量为 49732786 个。

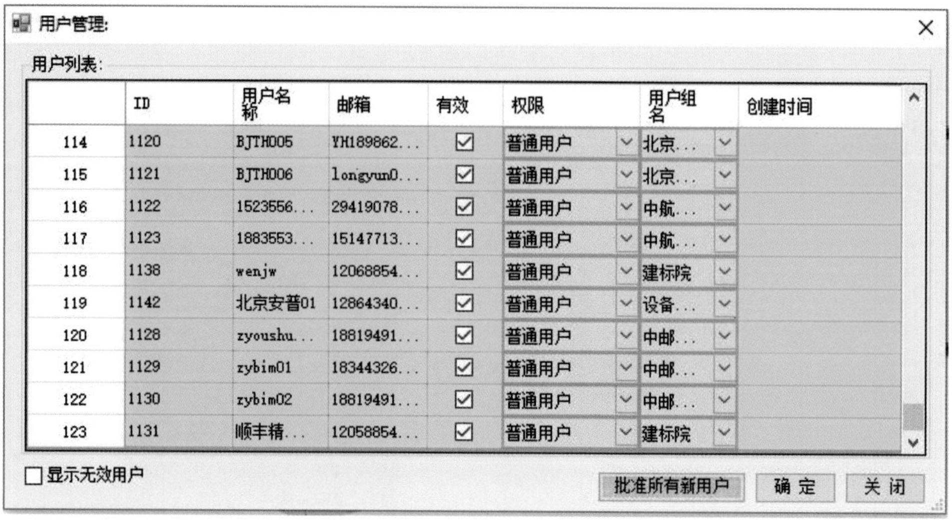

图 4-60　编码工具使用人数及其单位

通过鄂州花湖机场项目一个子单位工程，阐述编码工具应用。以转运中心综合业务楼建筑首层模型为例，模型文件为 "EHE-CP-TC0201-A-F1_转运中心综合业务楼主楼地上建筑一层模型(0.00~5.700)_V3.0.rvt"。采用编码工具进行构件编码过程如下：

（1）设置项目参数

点击编码工具菜单 "项目参数" 命令，编码工具通过模型文件名称代码 "EHE-CP-TC0201"，自动读取 "工程(项目)" "单项工程" "单位工程" "子单位工程" "阶段" 等属性参数，并赋值项目信息模型属性中，如图 4-61、图 4-62 所示。

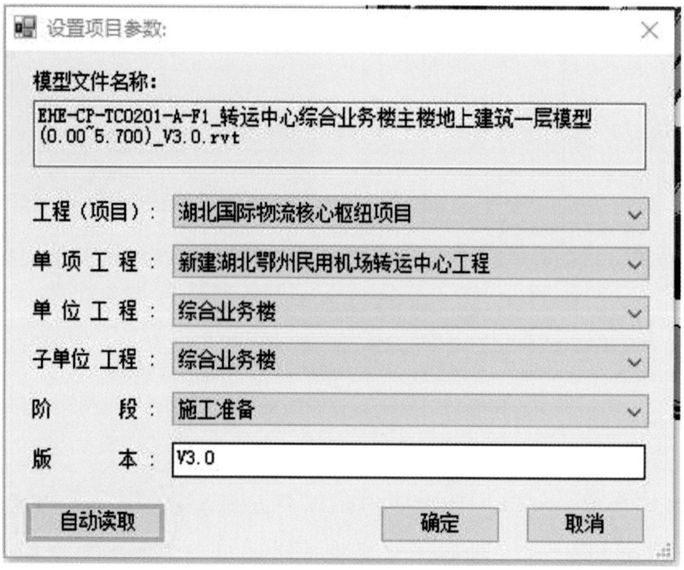

图 4-61　项目参数自动读取

图 4-62　项目信息联动自动赋值

（2）构件编码属性赋值

点击编码工具菜单"绑定属性"命令，依据族和类型命名，完成从"专业"到"构件类型"六级编码字段的赋值，如图 4-63 所示。

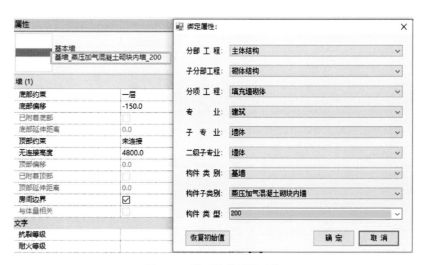

图 4-63　模型构件属性赋值

（3）追码查错

点击编码工具菜单"追码查错"命令，编码工具审核从"专业"到"构件类型"六级编码属性参数值是否与数据库各级参数一致（图 4-64），对数据库中的不存在项进行提示，需修改构件属性赋值，或先完成数据库扩库。

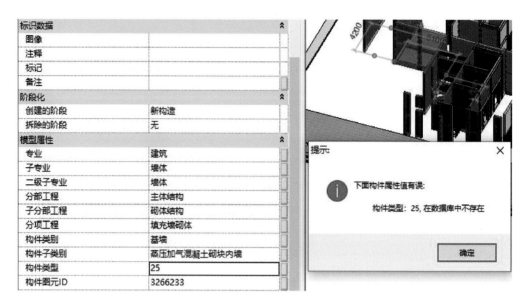

图 4-64　核查模型构件属性参数

（4）构件入库

选中需要入库编码的构件,点击编码工具菜单"构件入库"命名,弹出图 4-65 所示对话框。构件属性未赋值项数据显示"NULL",对不满足入库条件的构件,可隔离显示。点击"构件检验及入库"按钮,编码工具仅对赋值正确构件进行入库操作。

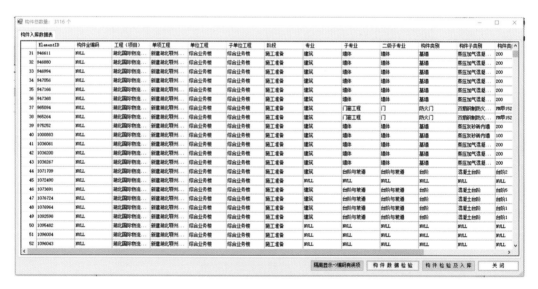

图 4-65　构件入库对话框

（5）自动编序号

构件入库后,编码工具依据数据库中同构件类型最后位序列号,接序为新入库构件赋予序列号,执行完毕后,进行提示确定（图 4-66）。

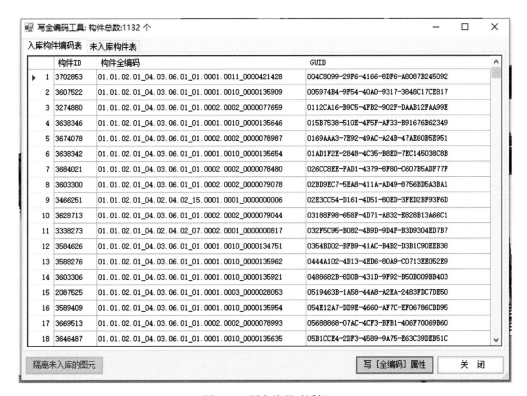

图 4-66　自动编号执行结果

（6）写全编码

序列号生成后，构件全编码的 12 个字段代码已存在于数据库中，点击编码工具菜单"写全编码"命令，写回到模型属性"构件全编码"字段，如图 4-67、图 4-68 所示。

图 4-67　写全编码对话框

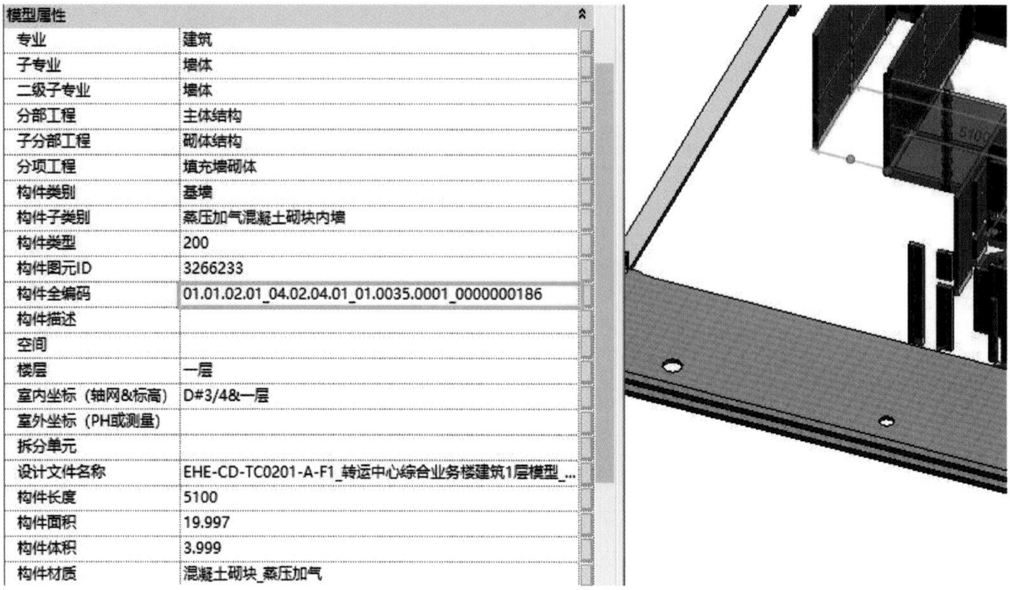

图 4-68　构件全编码属性字段赋值

在花湖机场项目中,所有模型构件都已通过本编码工具进行数据入库编码,每个构件都赋予"构件全编码"属性,实现对本项目入库的所有构件的编码管理。

4.3.4　Bentley 软件编码工具研发

1.需求描述

几何模型创建完成后,还要对模型添加额外的非几何信息,如由构件编码、工程信息、技术参数等组成的完整的信息模型。对信息模型的构建,尤其是针对在运维管理平台中的应用,需要建立一套规范、统一的分类和编码体系。编码规则的制定和信息化应用息息相关,在现阶段,想用一套编码解决所有的应用问题既不科学也不现实。编码需要和应用点、工程规模大小、衔接对象等相适应,且应符合对应的国家和行业标准,要遵循如下原则:唯一性、科学性、稳定性、可扩展性、兼容性、可映射的转换性等。

确定编码前,需按照模型划分和应用需求对实体构件进行拆分和组合,同时建立模型分类表。建立分类表后,再对模型构件进行编码,编码通过 BIM 软件进行,将编码作为模型构件的属性参数,使构件唯一编码(globally unique identifier,GUID)和应用编码相对应,从而符合模型和编码调用相一致的要求。

2.关键功能

鉴于以上需求,机场公司组织力量研发了一款基于 Bentley 公司的 MicroStation 软件平台的编码插件。该插件根据规范要求及编码库格式,采用两种编码方式,即批量编码(图 4-69)和识别名称编码方式。针对于 MicroStation 平台和 OpenRoads Designer 平台等无构件名称的构件采用批量编码方式；对于如 OpenBuildings Designer 平台创建的构件，因为其具有建筑构件目录结构并且具有唯一性名称，所以采用识别名称编码方式，这两种方式都能实现高效、准确的编码效果。

在软件开发方面，插件语言采用 C#语言，通过 Addins 方式开发应用程序。

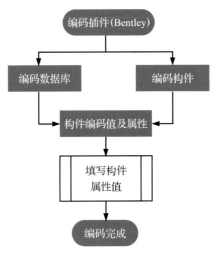

图 4-69　批量编码流程

（1）编码数据库

针对于花湖机场 BIM 模型构件，机场公司构建了一个体量庞大的构件数据库（图 4-70、图 4-71），这个构件数据库中包含了机场创建的 BIM 模型中的所有构件，编码插件结合编码构件库和编码模型对创建的 BIM 模型构件进行编码数据添加，同时保证构件编码的唯一性。

图 4-70　插件端构件信息总表

我的待办　通知管理场　通知统计　数据资源　通知　随手拍和抽查　≫ 切换应用架构　大数位地置　施工工序表 ×　构件信息表 ×　适价信息表 ×　属性库 ×　通用属性 ×

导入表格 ▼　🗑 删除　添加测柱　通用属性　⟐ 过滤　筛选库　构件详批　下载附版 ▼　导出通知 ▼　过滤施工和语言的数据 ▼　批量发版

版本	发布状态	专业	子专业	二级子专业	构件类别	构件子类别	构件类型（规则）	构件类型	构件编码	编码				
										专业代码	子专业代码	二级子专业代码	构件类别代码	构件子类别代码
1	已发布	助航灯光	电缆	电缆	电缆井	承重电缆井	长×宽×高	2.8×2.2×3.5m	16.04.01_01.0002.0067	16	04	01	01	0002
1	已发布	助航灯光	电缆	电缆	地井	非阻隔嵌入式地井	长×宽×高	3.1×2.6×3.4m	16.04.01_02.0003.0001	16	04	01	02	0003
1	已发布	助航灯光	机坪设备	机坪设备	地井设备	单路400Hz电源地井设备	编号	翻盖式地井#1	16.03.01_09.0003.0001	16	03	01	09	0003
1	已发布	助航灯光	机坪设备	机坪设备	空调装置	飞机地面空调机组	额定风量(m3/h)-风压(Pa)-[二级	5500m3/h-6700Pa…	16.03.01_10.0001.0001	16	03	01	10	0001
1	已发布	助航灯光	助航灯具	设备基础	设备基础	混凝土基础	设备类型	风向标基型	16.01.01_07.0001.0004	16	01	01	07	0001
1	已发布	助航灯光	电缆	电缆	电缆井	承重电缆井	长×宽×高	3.8×3.8×4.9m	16.04.01_01.0002.0068	16	04	01	01	0002
1	已发布	助航灯光	电缆	电缆	电缆井	承重电缆井	长×宽×高	3.8×3.8×4.7m	16.04.01_01.0002.0069	16	04	01	01	0002
1	已发布	助航灯光	电缆	电缆	电缆井	承重电缆井	长×宽×高	3.8×3.8×3.5m	16.04.01_01.0002.0070	16	04	01	01	0002
1	已发布	助航灯光	电缆	电缆	电缆井	承重电缆井	长×宽×高	3.8×3.8×3.6m	16.04.01_01.0002.0071	16	04	01	01	0002
1	已发布	助航灯光	电缆	电缆	包封	混凝土包封-5×3+3×2	截面	1660×680	16.04.01_07.0042.0001	16	04	01	07	0042
1	已发布	助航灯光	电缆	电缆	包封	混凝土包封-4×6+3×4	截面	1560×1160	16.04.01_07.0043.0001	16	04	01	07	0043
1	已发布	助航灯光	电缆	电缆	包封	混凝土包封-4×2+6×3	截面	2030×680	16.04.01_07.0044.0001	16	04	01	07	0044
1	已发布	助航灯光	电缆	电缆	包封	混凝土包封-6×2+6×3	截面	2450×680	16.04.01_07.0045.0001	16	04	01	07	0045
1	已发布	助航灯光	混凝土结构	混凝土上部结构	设备基础	紊层混凝土基础	厚度(mm)-[混凝土标号]	300-C20	16.08.01_01.0001.0001	16	08	01	01	0001
1	已发布	助航灯光	混凝土结构	混凝土上部结构	设备基础	紊层混凝土基础	厚度(mm)-[混凝土标号]	800-C20	16.08.01_01.0001.0002	16	08	01	01	0001
1	已发布	助航灯光	混凝土结构	混凝土上部结构	设备基础	紊层混凝土基础	厚度(mm)-[混凝土标号]	2400-C25	16.08.01_01.0001.0003	16	08	01	01	0001

图 4-71　网页端构件信息总表

（2）无名称构件编码

此处根据用户预选择的构件，在构件列表中选择目标数据库构件执行编码，同时下载属性到 ItemType（图 4-72、图 4-73）。

图 4-72　编码菜单栏

图 4-73　构件编码对话框

弹出对话框填入属性值，就会自动对选择的所有构件进行编码同时添加设计属性（图 4-74）。

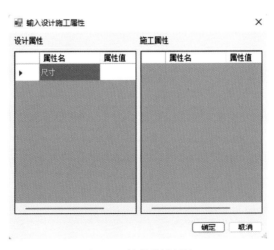

图 4-74　构件设计属性

点击确定后自动编码,图 4-75 为编码完成效果。

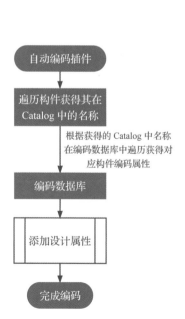

GUID	eeaec9bf-137e-4a5c-b847
建设单位名称	湖北国际物流机场有限公司
设计单位名称	民航机场规划设计研究总院
监理单位名称	广州中南民航工程咨询监理
施工单位名称	北京佳和建设工程有限公司
标段	新建湖北鄂州民用机场工程
拆分单元	
单位工程	助航灯光工程
单项工程	新建湖北鄂州民用机场工程
二级子专业	电缆
工程	湖北国际物流核心枢纽项目
构件编码	01.02.04.01_04.16.04.01
构件类别	包封
构件类型	湿贫混凝土
构件名称	回填_湿贫混凝土
构件子类别	回填
阶段	施工准备
流水号	46
楼层	/
模型文件名称	EHE-CP-AP0401-V-16_灯光
设计文件名称	07SD101-8
专业	助航灯光
子单位工程	助航灯光工艺
子专业	电缆

设计属性	⌃
道面区长度	73.7408
规格	灯光排管(2x4)x100
结构材质	湿贫混凝土
截面积	0.2998
体积	/

图 4-75 编码完成效果图

(3)有名称构件编码

针对存在目录结构的构件,每个放置的构件在当前项目文件的目录结构中都是唯一的,所以可以通过获得项目文件的 Catalog 及构件名称在编码构件库里检索,找到对应的构件获取其编码数据,从而实现构件自动编码(图 4-76、图 4-77)。

图 4-76 自动编码插件

图 4-77 自动编码插件流程图

自动编码插件

遍历构件获得其在 Catalog 中的名称

根据获得的 Catalog 中名称在编码数据库中遍历获得对应构件编码属性

编码数据库

添加设计属性

完成编码

（4）构件编码上传贵阳院库

此功能主要是将文件内的所有构件的编码信息和设计属性信息，上传到贵阳院编码数据库，用于审核构件的编码属性及设计属性的正确性（图4-78、图4-79）。

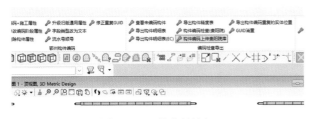

图 4-78　上传菜单按钮

图 4-79　上传提示对话框

3.应用情况

①本软件适用于使用 Bentley 系列软件建模的标段，包含场道、总图、排水沟、助航灯光、飞行区供电、飞行区通信、消防救援工程等相关专业的构件编码（图4-80）。

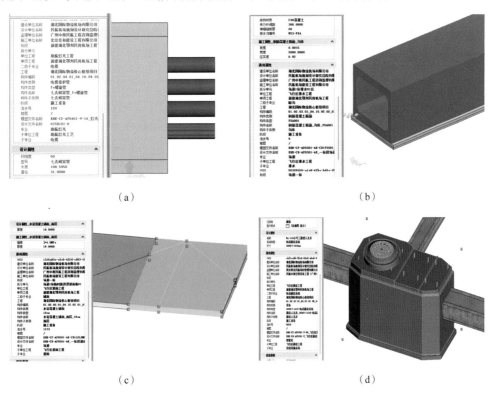

（a）　　　　　　　　　　　　（b）

（c）　　　　　　　　　　　　（d）

图 4-80　软件编码效果

（a）助航灯光专业编码;（b）排水沟专业编码;（c）飞行区道面编码;（d）飞行区通信编码

②所有构件编码完成后，通过插件提供的导出构件明细表功能可以实现一键导出所有构件的明细表，用于后续统计工程量等相关工作（图 4-81、图 4-82）。

图 4-81　导出构件明细表菜单按钮

图 4-82　构件明细表导出结果

③鉴于操作失误或者复制构件等情况下会发生编码、GUID 重复等相关问题，插件也提供了编码重复检查、GUID 消重、流水号顺号等辅助功能（图 4-83）。

图 4-83　辅助功能

4.4　花湖机场工具类插件研发总结

作为一个完全基于 BIM 正向实施的复杂项目，定制化插件的研发与应用成为花湖机场不可或缺的重要一环。插件的研发弥补了机场 BIM 应用需求与现有软件功能之间的差距，提升了 BIM 模型创建和 BIM 属性管理的效率。回顾花湖机场整个建造过程，工具类插件研发主要积累了以下经验。

1.聚焦于具体功能点需求的研发

与大型软件及系统不同，工具类插件通常关注的是一个或少数几个功能需求点，针对这些点进行定制化开发。例如,晨曦钢筋插件中的钢筋调整功能,正是针对钢筋建模中钢筋修改困难、操作烦琐、效率低下的问题。聚焦于点的插件研发思路,可以快速瞄准具体功能需求,从而清晰划定开发边界,并制定对应的开发方案,保证插件的快速研发与应用。

2.实时跟踪插件的使用情况

花湖机场有很多插件的研发与项目开展同步进行,决定了插件不可能像传统软件研发一样通过完整的测试流程后才能上线,因此插件在运行过程中很可能出现意料之外的异常。这就要求开发人员不能将插件交付完就不闻不问,还得在插件移交后实时跟踪插件的使用情况,对于出现的异常及时做出修正。例如,花湖机场编码插件在使用过程中出现了构件编号重复的问题,由于插件开发人员一直保持跟进插件的使用情况,很快就修复了这一问题,避免了对机场 BIM 实施的严重影响。

3.及时响应新增需求

虽然花湖机场数字建造开始之前,对包括BIM在内的各方面都有详尽的策划,但项目实施过程中,需求、流程、交付标准等方面的增加和修改在所难免,其中很可能产生新的开发需求,为此要求软件开发人员能及时对变化进行相应调整,以"敏捷开发"的思路为指导,及时研发新的工具或升级现有工具。例如,花湖机场竣工模型交付要求新增了对竣工属性的添加,而该功能的核心逻辑与编码插件类似,因此机场公司及时组织研发人员,在编码插件的基础上,用了非常短的时间研发了竣工属性插件,保证了竣工交付的及时性。

4.开发人员与工程人员协同工作

花湖机场定制化插件研发的需求与 BIM 正向实施的业务逻辑深度绑定,研发人员只有深入了解该逻辑才能开发出契合项目相关工作要求的插件。为此,插件研发必须深入参加项目,保持与 BIM 建模人员、工程人员、关联标段人员等协同工作。花湖机场中众多标段的 BIM 团队都包含了插件研发人员,项目建设期间他们也驻场集中办公,从而保证了他们对 BIM 应用要求、模式、流程等的充分熟悉,为上文提到的插件开发功能点的明确、使用效果实时跟踪、变化的及时响应奠定了坚实基础。此外,集中办公也为不同标段插件开发人员,尤其是 Autodesk 平台和 Bentley 平台的开发人员创造了交流的机会,有助于其技术水平的提升。

5　花湖机场 BIM 平台研发与应用

5.1　概述

花湖机场在建造过程中,使用了多个平台,包括 BIM 模型合模平台(Bentley Project-Wise,Bentley iTwin),质量验评系统平台,项目管理平台(PMS,EPMS),设计/深化设计管理平台(CMP)。其中功能最为全面的平台是 EPMS 平台,该平台是一个基于轻量化 BIM 模型构件对造价、质量、进度、安全与变更进行协同管理的系统,目前离散化功能已经在项目上推广应用。花湖机场项目是率先在国内系统性地基于模型构件进行工程量招标、质量验收、4D/5D 进度模拟、计量与支付、费用变更等全方面应用的项目,EPMS 平台为上述需求提供了有力支撑。本章重点介绍 EPMS 平台的研发及应用。若无特殊说明,后文的 BIM 平台特指 EPMS 平台。

BIM平台以三维轻量化BIM模型为基础,可定制化项目管理各项业务事件,并集成工地 IOT 设备,实现同一个底层技术平台、同一个 APP 应用、同一个管理平台的 SAAS 服务模式,满足花湖机场在建项目的设计+施工全方位管理。其主要的组成模块如图 5-1 所示。

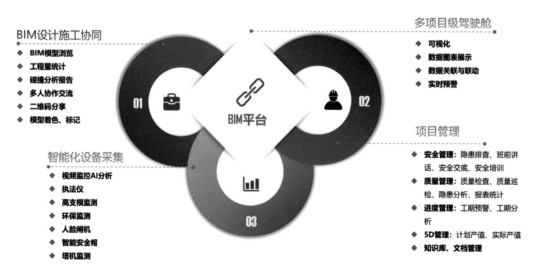

图 5-1　BIM 平台组成

5.1.1　BIM 平台建设的业务目标

①系统的基本业务功能单元原型（模块模板）组成,包括但不限于:项目进度管理、项目设计管理、项目变更管理、项目质量、安全管理、项目造价管理、项目风险管理等。

②系统的角色与权限控制支持项目群管理。系统中的流程审批、功能维护等权限可以根据招标人的组织架构、不同项目单体、不同功能模块等多个维度分别进行配置,提供满足项目群管理的权限分配体系及客户化开发服务。

5.1.2　平台建设的技术目标

从技术实现的角度出发,BIM 平台应实现以下技术目标:

①支持多项目并行管理任务及活动。

②支持并行多项目中的全部项目管理关联方在线协同管理活动,包括但不限于甲方、乙方、设计、监理、造价咨询、工程审计等。

③项目管理系统本身具备"协同工作流平台的"基本作业功能:

a.一整套基于角色任务的工程项目管理业务规章制度和业务规则;

b.一组"协同工作流引擎",实现符合协同规则的协同工作流程;

c.工程项目实施过程成果的内容管理,包括对知识库、设计产品库、工程数据库、资源库、媒体文件、管理文件、过程文件等的管理;

d.工程项目实施过程成果管理,重点包括提交管理、检核管理、审批管理、归档管理、发布管理、查询与检索、提档提资、配置管理、安全管理等;

e.工程项目实施过程内容的浏览查询与图形展示工具;

f.支持内部消息(文字、语音、视频)和会议/讨论组、电子邮件、手机短信等多种通信手段;

g.用户友好的人机工程界面,提供系统应用必需的文本图表处理工具,基本适用的统计分析应用工具;

h.其他项目管理协同管理功能工具。

④项目管理平台的技术架构应具备"现代协同工作流管理平台"的基本特征,包括"协同工作流引擎""关系型数据库""开放互联的网络计算""面向服务的体系架构SOA""支持 Web-GUI 应用开发框架"以及"海量大数据的存储处理能力"。支持行业市场上主流/通用的工程设计工具软件和文字及办公业务处理软件。

5.1.3　平台建设的系统目标

从建设布局的角度出发,坚持"线上办公、全面数字化、施工支持、多方协同"的原则,以顺丰机场项目实施为先导,稳定运行后可快速推广复制到顺丰集团相关项目。顺丰鄂州枢纽工程项目管理平台将由深圳总部统一建设,服务器和数据库均部署在集团公司以集中管理维护。

5.2　平台总体设计

5.2.1　平台设计思路

顺丰鄂州枢纽项目首次提出"1+4+2"的管理思路,1指构件一张信息总表,4指质量、支付、计划、变更四项核心业务主线,2指BIM轻量化和移动端APP两种技术,最终构成了"1+4+2"的管理模式。平台设计的主要思路,正是围绕该模式进行的,如图5-2所示。

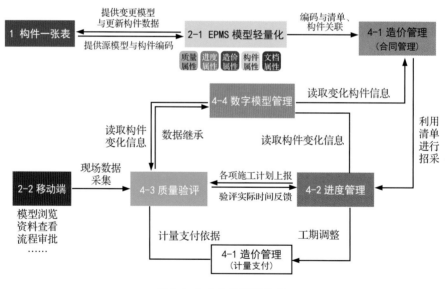

图 5-2　1+4+2 的管理方式

5.2.2　平台关键功能性需求

平台研发人员通过深入调研花湖机场 BIM 应用各参与方在 BIM 正向实施中的业务活动以及信息使用需求,梳理出平台的关键功能性需求。包括:

①BIM 模型轻量化后应具有云协同和浏览功能。设计阶段可以对模型进行标记、协作交流、共享会议、发起问题流程;施工阶段可以使用手机或平板浏览、剖切、测量模

型指导现场施工安装。

②实现全专业、全业务数字化应用。基于 BIM 的项目管理,具体包括质量验评、计量支付、进度管理,实际为 BIM 的 3D、4D、5D、6D 应用。

③支持多项目多组织多业务的线上并行管理。平台中的流程审批、功能维护等权限可以根据甲方的组织架构、不同项目单体、不同功能模块等多个维度分别进行配置,提供满足项目群管理的权限分配体系及客户化开发服务。

④实现项目内部与外部系统集成,包括与甲方内部系统及业务关联的第三方系统的系统集成、信息交换与业务联动等。

5.2.3　平台核心业务逻辑与架构设计

BIM 平台以轻量化 BIM 模型为基础,将工程项目管理的进度、质量、造价、变更、安全、风险、检测、资金监管等业务从线下转移到线上,实现了以甲方、设计院、监理单位、总承包方、检测单位、BIM 咨询单位、造价咨询单位为主要用户的多标段多单位工程使用,同时集成了企业 OA、金格签章、省监测、海康视频、智慧工地、银行系统等外部系统接口,达到多项目集群高效化协同、精细化计量、智能化监控、统一化整合的目标。其核心业务逻辑如图 5-3 所示,基于该业务逻辑的平台总体架构如图 5-4 所示。

5.2.4　平台设计要点

1.支持全专业 BIM 模型云协同

鄂州枢纽转运中心工程和航空基地工程全面推进数字化建造,采用 BIM 正向设计的方式完成主体工程设计,并要求工程的各参建方基于施工图设计模型,进行施工、供货模型深化设计,并应用模型数据,展开工程建设,保留工程过程数据信息。

系统云端轻量化处理与加载的模型体量大,预计 BIM 模型文件超 200G,构件达 2000万个。同时要求在平板和智能手机上具有浏览与查看功能,包括构件筛选、浏览、批注、视图平移、旋转、缩放、测量、剖切、视点保存、图模联动、隐藏、对比展示、发起/关联流程、关联文件、沟通讨论、转发分享等。

2.考虑多项目多业务的线上并行

鄂州枢纽工程包含转运中心工程和航空基地工程两大单项工程,每个单项工程包含 5~10 个单位工程。因此平台建设需要实现对多个标段和单位工程的管理,解决指挥部作为甲方,基于商务合同、面向承建方和第三方服务商(设计、监理、造价、BIM 等近 20家参建方)的工程项目管理工作任务和实务活动的问题。现场施工考虑多标段同时进行,多业务的开展要求系统满足数百人的协同。

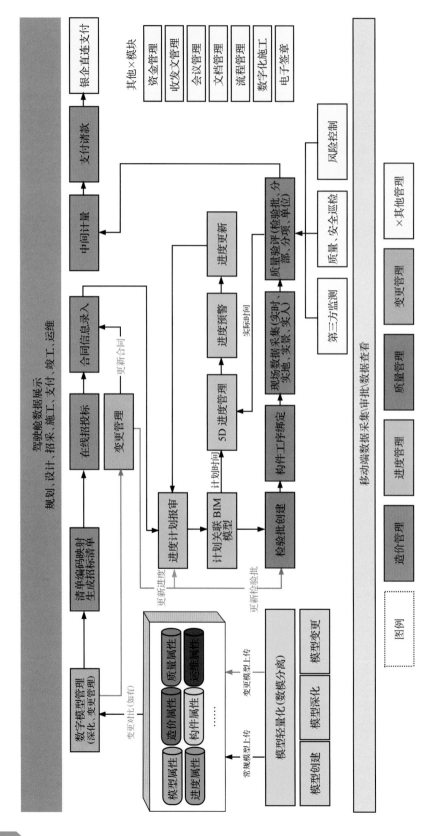

图 5-3 平台核心业务逻辑

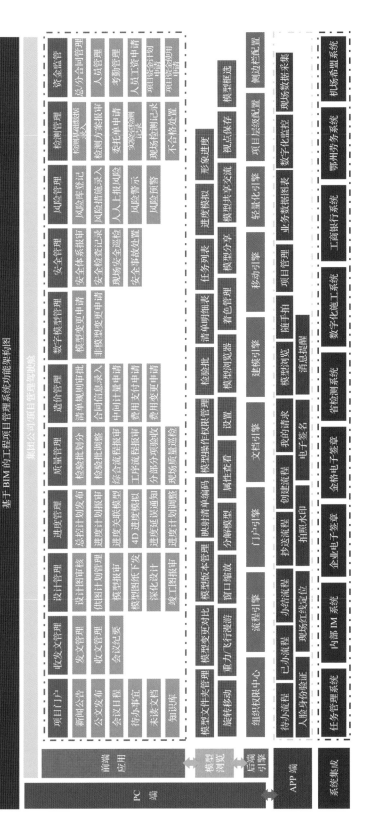

图 5-4　EPMS 平台的架构设计

3.实现项目内部与外部系统打通

目前甲方自身已经具备成熟的内部其他管理系统,如招采系统、任务管理系统、电子签章系统、财务系统、BIM-CMP 系统、HR、SAP 等,同时还存在与外部系统的数据关联,如监理管理平台、承包商 PM 平台等。如何实现与甲方内部及外部系统集成,实现关键数据的采集、关联数据的互通,将至关重要。

4.建立一套基于模型的质量验收体系

本项目管理要求系统能够灵活地添加工序、单元工程、操作账户、评定标准参数等基本信息,能够通过读取工程基本信息、用户输入值自动计算、标准参数动态配置等方式,实现数据快速填写、自动评定工序及所属单元工程的质量等级。

通过施工与监理单位采集、审核数据加强现场管理,实时掌控各验收单元的质量验收状况,并实现质量验收资料的及时交付,将质量验收材料作为工程进度款计量支付的支撑材料,通过质量验收材料对其是否满足合同中规定的阶段质量要求进行判断。最终制定一整套完整的建筑工程质量验收体系和规则。

5.支撑基于模型的合同、计量支付、费用变更闭环管理

本项目要求系统模块应按照不同项目、不同专业分别设置成不同的合同台账,以实现合同清单动态变更管理。根据前端质量验评数据的变化,对已验收的构件自动生成计量汇总表、明细表并配置相应流程表单,生成汇总表,实现合同计量管理。对已计量构件,可生成明细表并配置相应流程表单,生成支付申请表并在各参与单位之间流转,实现合同支付管理。基于模型的完整造价管理管理体系在机场项目实施也是首创。

5.3 BIM 平台核心功能设计

5.3.1 数字化设计与模型管理

1.数字化设计与模型的目标

设计管理主要是对设计方的供图计划、设计图纸、设计变更、竣工图整理等进行管理,主要管理内容包括但不限于:

①可以实现对设计单位提交的供图计划进行跟踪操作;

②设计单位将发布版的图纸直接提交到系统上,进行供图计划的更新;

③在线对监理和施工单位进行图纸发放工作;

④设计单位将整理好的变更通知单提交到系统上,交监理和招标方审核;

⑤实现竣工图的自动化整理。

数字模型管理主要是以施工过程中的模型变动全过程为主线,围绕其过程开展的各项管理业务。系统对全过程的工程模型变动数据和文件进行记录和分析,反映模型变动

对工程进度、质量、造价的影响趋势状况，可随时查询、统计、分析审批过程中的各种数据版本和流程审批记录，并可生各类报表及图形，实现数据报表及图形的保存与打印。

2.数字化设计与模型业务设计

数字化设计与模型管理以模型为基础进行版本迭代，深化设计模型以施工图设计模型（V1.0）为基础，工程变更（Vn）以深化设计模型（V2.0）或上一版变更模型（Vn-1）为基础进行报审，最后一版模型将作为竣工模型进行归档，模型在更新的同时将继承上一版已经进行的项目管理数据，包含设计属性、质量属性、造价属性、进度属性等。其整体业务逻辑如图 5-5 所示。

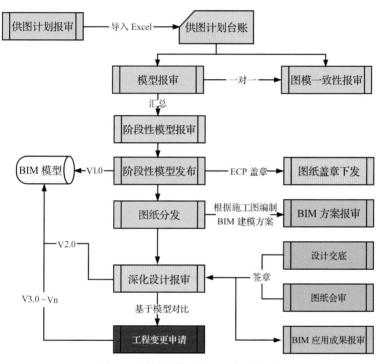

图 5-5　设计与模型管理业务逻辑图

3.数字化设计与模型的应用

（1）供图计划管理应用

EPMS 可以登记设计 WBS（Work Breakdown Structures，工作结构分解）和设计任务包，共同组成供图计划，说明每个任务包的计划图纸数、计划提交时间、计划发布时间，并可以进行进度跟踪。能在设计包上设置预警项，对超期或者临近超期的设计图进行警示，提醒设计单位进度，如图 5-6 所示。

（2）阶段性模型报审

EPMS 平台可以登记设计方案、设计图纸。每一张图纸可以记录多个版本，能查看每张图纸的历次评审意见。阶段性模型报审的表单如图 5-7 所示。

图 5-6　设计任务列表

设计图成果报审

单项工程名称	转运中心项目	单位工程名称	转运中心主楼工程
阶段	招标图阶段	专业	暖通
设计师		发起时间	2020年11月17日
图纸名称	转运中心主楼暖通图		
图纸附件	转运中心主楼暖通图		
设计单位	设计负责人意见： 本次提交图纸及说明文件为本阶段最新成果，用于业主下阶段相关工作，后期设计更新文件另做补充及说明。 　　　　　　　2020-11-17 22:37:39		
建设单位	主审人意见：		
	专家协审人意见：		
	部门协审人意见：		
	项目负责人意见： 拟同意。 来自丰声 鄂州机场项目指挥部　　　　2020-11-18 08:54:08		

图 5-7　阶段性模型报审表单示意

（3）模型深化设计报审

EPMS 平台模型深化设计报审表单如图 5-8 所示。为确保施工顺利，如果施工单位在深化设计阶段对原平台模型的构件进行了优化,只要不属于对模型的重大变动,都可以按照模型深化内容报审。

图 5-8 深化设计报审表单示意

（4）模型变更报审

EPMS 平台模型变更报审表单如图 5-9 所示。若深化设计优化构件的过程中施工单位需要进行模型变动(如新增构件项、对原构件工程量增删等),则按施工单位提出模型变动的正常流程进行。

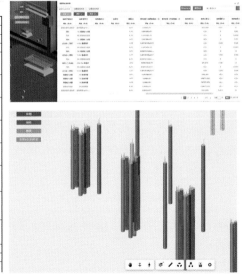

（a）   （b）

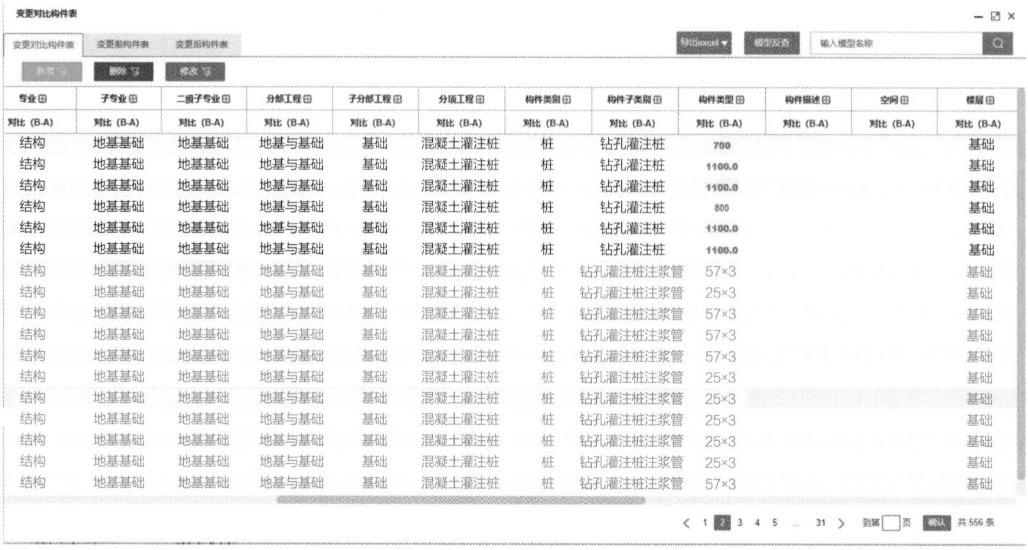

专业	子专业	二级子专业	分部工程	子分部工程	分项工程	构件类别	构件子类别	构件类型	构件描述	空间	楼层
对比（B-A）	对比（B-A）	对比（B-A）	对比（B-A）	对比（B-A）	对比（B-A）	对比（B-A）	对比（B-A）	对比（B-A）	对比（B-A）	对比（B-A）	对比（B-A）
结构	地基基础	地基基础	地基与基础	基础	混凝土灌注桩	桩	钻孔灌注桩	700			基础
结构	地基基础	地基基础	地基与基础	基础	混凝土灌注桩	桩	钻孔灌注桩	1100.0			基础
结构	地基基础	地基基础	地基与基础	基础	混凝土灌注桩	桩	钻孔灌注桩	1100.0			基础
结构	地基基础	地基基础	地基与基础	基础	混凝土灌注桩	桩	钻孔灌注桩	800			基础
结构	地基基础	地基基础	地基与基础	基础	混凝土灌注桩	桩	钻孔灌注桩	1100.0			基础
结构	地基基础	地基基础	地基与基础	基础	混凝土灌注桩	桩	钻孔灌注桩	1100.0			基础
结构	地基基础	地基基础	地基与基础	基础	混凝土灌注桩	桩	钻孔灌注桩注浆管	57×3			基础
结构	地基基础	地基基础	地基与基础	基础	混凝土灌注桩	桩	钻孔灌注桩注浆管	25×3			基础
结构	地基基础	地基基础	地基与基础	基础	混凝土灌注桩	桩	钻孔灌注桩注浆管	57×3			基础
结构	地基基础	地基基础	地基与基础	基础	混凝土灌注桩	桩	钻孔灌注桩注浆管	57×3			基础
结构	地基基础	地基基础	地基与基础	基础	混凝土灌注桩	桩	钻孔灌注桩注浆管	57×3			基础
结构	地基基础	地基基础	地基与基础	基础	混凝土灌注桩	桩	钻孔灌注桩注浆管	25×3			基础
结构	地基基础	地基基础	地基与基础	基础	混凝土灌注桩	桩	钻孔灌注桩注浆管	25×3			基础
结构	地基基础	地基基础	地基与基础	基础	混凝土灌注桩	桩	钻孔灌注桩注浆管	25×3			基础
结构	地基基础	地基基础	地基与基础	基础	混凝土灌注桩	桩	钻孔灌注桩注浆管	25×3			基础
结构	地基基础	地基基础	地基与基础	基础	混凝土灌注桩	桩	钻孔灌注桩注浆管	25×3			基础
结构	地基基础	地基基础	地基与基础	基础	混凝土灌注桩	桩	钻孔灌注桩注浆管	57×3			基础

（c）

图 5-9　模型变更报审

（a）工程变更申请单；（b）三维位置对比图；（c）模型属性数据对比

流程审批节点（含移动端）可调取变更前后的轻量化模型进行对比，能直观反映模型的增加、减少、修改和删除。同时，模型转换为轻量化模式后，必须完全反映出模型的三维外观和模型的各项属性信息。

5.3.2　数字化进度管理

1.数字化进度管理的目标

EPMS平台（包括建设前期、初设、施工、验收、竣工等）的计划安排和调整、资源配置和优化，涵盖土建、安装、设备交付、设计交付等内容，能够实时查询项目进度水平、里程碑计划、一级网络及二级网络计划完成情况；能够利用形象化的甘特图对已经正式开始实施的工程项目进行跟踪，实时掌握工程的当前状态和后续工程情况，以及可能影响工程进度情况的工作任务等工程项目信息；对分项作业当前进度情况进行监控的同时，还可以了解作业的资源计划情况、实际使用情况等综合信息。

本功能模块可以实现施工组织和监理机构根据顺丰的需求以及工程实际进行功能定制，配置相应的报审批协同流程，并针对运行过程中出现的问题及需求进行功能完善及优化。

数字化进度管理应能协助工程项目实现以下目的：

①管理者能够展望未来，预见变化，考虑变化的冲击，降低不确定性，以制定适当的对策，并预见到行动的结果。

②良好的计划能够减少重叠性和浪费性的活动,提高工作效率。

③通过计划安排设立目标和标准,便于项目执行控制;能够将实际的绩效与目标进行比较,以发现偏差,及时采取必要的矫正行动。

2. 数字化进度管理业务设计

进度管理主要包含进度计划编制、进度控制和进度变更等几大模块功能,配置相应的报审批流程。其业务逻辑如图 5-10 所示。

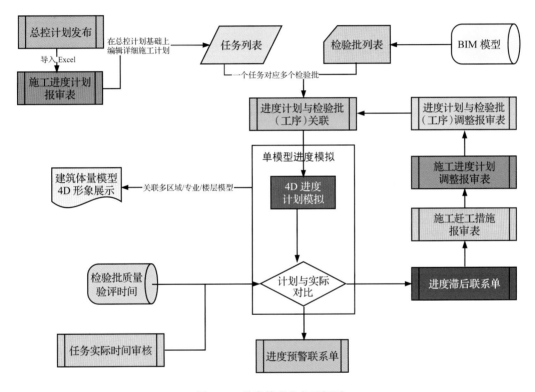

图 5-10　进度管理业务逻辑图

3. 数字化进度管理的应用

（1）进度计划统筹管理

EPMS 平台可在线编制不同的项目进度计划。建立自上而下、由粗到细的多级计划及由不同工程、专业计划构成的,相互影响/协同（可设置同计划之间的限制关系和关联关系）的进度计划体系。进度任务甘特图界面如图 5-11 所示。

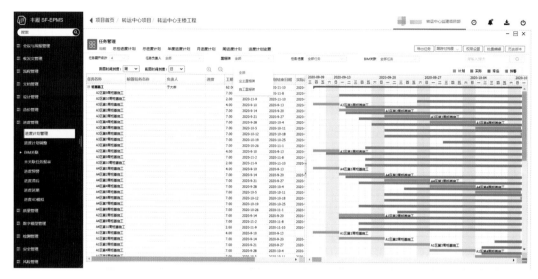

图 5-11　进度任务甘特图

（2）进度计划关联 BIM 模型构件

通过质量验评体系"检验批"的概念，将构件按照一定的规则分组，建立起进度任务与模型构件关联的桥梁，有效解决了因模型不断更新造成进度与构件手动重复绑定的问题，同时实现了进度任务与模型关联自动更新。相关界面如图 5-12 所示。

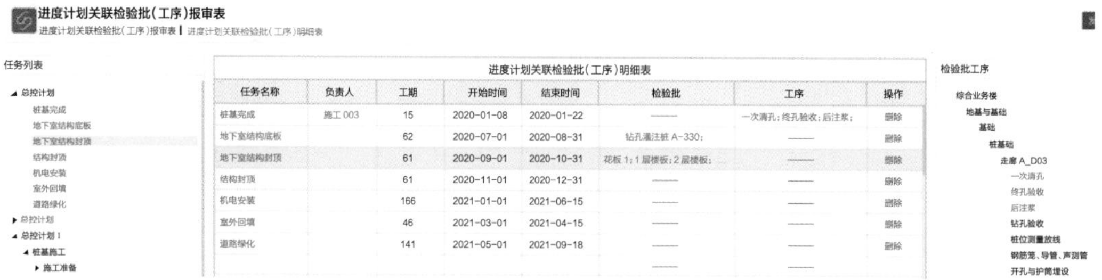

图 5-12　进度任务与检验批关联

（3）实现模型进度任务的实际施工时间自动获取

检验批是工程中进行质量验收的最小单元，根据施工组织计划分解的施工任务与检验批的对应关系是一对多，即一项任务对应一个或多个检验批。进度任务的实际开始时间和实际结束时间分别是最早验收检验批的开始时间与最后验收检验批的结束时间，平台会根据质量验评的时间自动同步至进度任务的实际时间。相关界面如图 5-13所示。

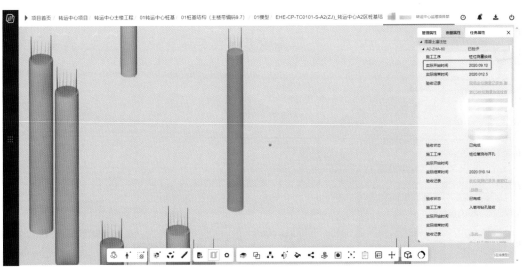

图 5-13 进度任务时间自动获取质量验评时间

（4）实际进度与计划进度的对比

基于进度计划与BIM模型构件的关联，通过获取实际施工进度，以不同颜色标记区分未开工、施工中、施工完成的构件，实现基于三维模型实时查看现场施工进度。对按时、逾期、过期等状态在构件上予以不同颜色的标识。当实际进度比计划进度滞后的情况发生时，平台将对滞后进度任务项突出显示，并以邮件、消息等形式自动发起报警，通知各业务关联方。系统界面如图5-14所示。

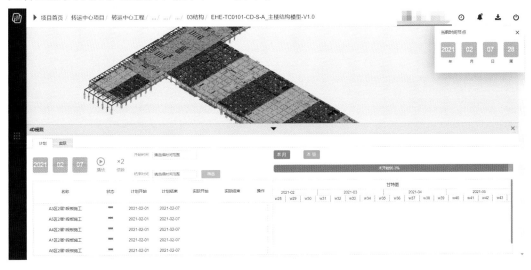

图 5-14 计划进度模拟

（5）实现整体模型与各专业模型进度关联展示

针对大型项目在平台中进行全专业、4D进度模拟存在硬件、软件和网络等的局限性，用整体简化模型与各专业精细施工模型进行关联并分两级展示进度则显得合理。通过一级整体模型可以看到各专业整体的进度并进行模拟,点击模型任意位置,即可跳转到单个模型,进行详细的 4D 进度查看,如图 5-15、图 5-16 所示。

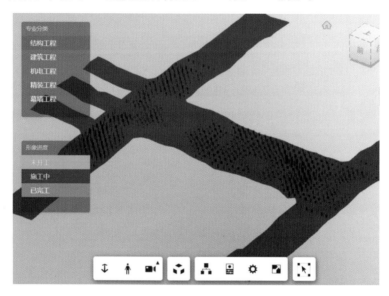

图 5-15　整体模型与各专业模型关联

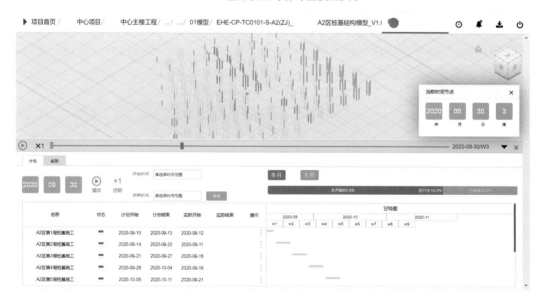

图 5-16　某区 4D 进度模拟

5.3.3　数字化质量管理

1. 数字化质量管理的目标

数字化质量管理是基于模型数据的施工现场质量管理的重要手段,通过施工与监理单位采集、审核数据,加强现场管理,实时掌控各验收单元的质量验收状况,实现质量验收资料的及时交付;将质量验收材料作为工程进度款计量支付的支撑材料,通过质量验收材料对是否满足合同中规定的阶段质量要求进行判断。质量验评系统和建设方现有及后续引入的系统,按照一定的规则相互支撑和交换数据,共同服务于项目建设。

根据顺丰项目工程管理的整体要求,质量验评模块需要保障:

①验评数据的及时性、真实性。依据建设方要求,在质量验评现场实现工程标准表单实时填报、相关管理流程及时审批,让用户在移动端(手机、平板电脑)方便地完成数据采集和流程审批工作。系统能够结合工程现场人员位置、操作时间、身份认证、实景图片、电子签章等信息,对数据采集的及时性和真实性进行系统校验,辅助工程现场管理。

②操作的便捷性、灵活性。EPMS 平台能够灵活地添加工序、单元工程、操作账户、评定标准参数等基本信息,能够通过读取工程基本信息、用户输入值自动计算、标准参数动态配置等方式,实现数据快速填写、自动评定工序及所属单元工程的质量等级,简化用户的现场填报操作和系统维护工作。

③流程与表单的灵活配置。EPMS 平台的数据采集支持数字、字符、图片、视频等多种数据类型,数据采集界面、表单打印样式的排版能够根据建设方要求灵活配置,以满足工程中不同专业验评表单的填写及归档要求。

④信息推送和数据分析。EPMS 平台提供整个系统基础数据定义及综合查询分析功能,能够以看板模式将基于现场验评数据的分析结果展示给用户,支持根据验评进度自动生成施工日报,并能够按照招标人要求将施工日报、流程待办等消息提示推送给相关用户。

2.数字化质量管理业务设计

各关联方通过本模块开展现场数据采集、质量问题跟踪管理、验评流程报验,对各关联方的质量管理行为进行监管,加强招标人在造价管理、档案管理、进度管理、人机料管理等业务方面的综合管控水平。其业务逻辑如图 5-17 所示。

3.数字化质量管理的应用

(1)建立质量验评工序库

依据《建筑工程施工质量验收统一标准》(GB 50300—2013)的检验批划分原则,对建筑工程全专业 BIM 模型按照单位工程、分部(子分部)、分项进行构件分类。不同类的构件可以自定义工序和关联验收表单,最终形成完整的质量验评体系,如图 5-18 所示。

(2)检验批的划分

在模型列表中点击对应的模型名称,系统将加载对应的轻量化 BIM 模型。在模型加载完毕后,可以通过操作模型目录树隐藏不属于检验批的构件,以方便用框选或者点选的方式将剩余的、具有相同工序的一类或几类构件划分至一个检验批。未报审的检验批可以进行增减构件、重命名,如图 5-19 所示。

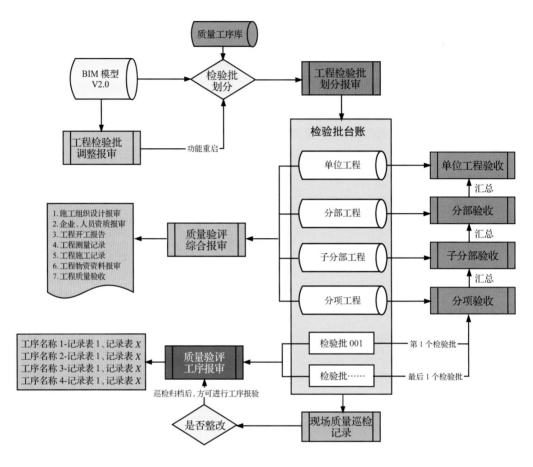

图 5-17　质量管理业务逻辑图

图 5-18　质量验评工序库

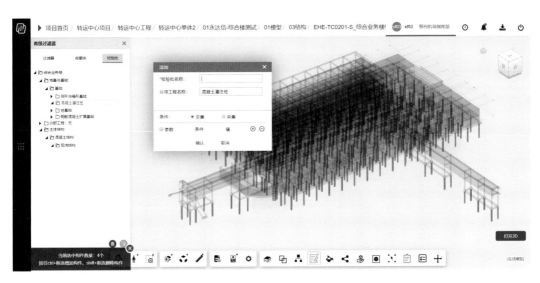

图 5-19 检验批划分

本系统实现了质量验收工序的结构化管理。系统自动匹配工序列表,用户根据自身权限填报表单,监理人员可根据工序列表状态依次审批。设置工序关联关系,上一道工序完成后,方可进行下一道工序的报验。实现不同单位工程工序的可复制,降低了用户的技术门槛,如图 5-20 所示。

图 5-20 系统匹配质量验评工序

(3)现场验评

在质量验评现场可实时填报工程标准表单、审批相关管理流程,用户可在移动端(手机、平板电脑)方便地完成数据采集和流程审批工作。平台能够结合工程现场人员位置、操作时间、身份认证、实景图片、电子签章等信息,对数据采集的及时性和真实性进行系统校验,辅助工程现场管理,如图 5-21 所示。

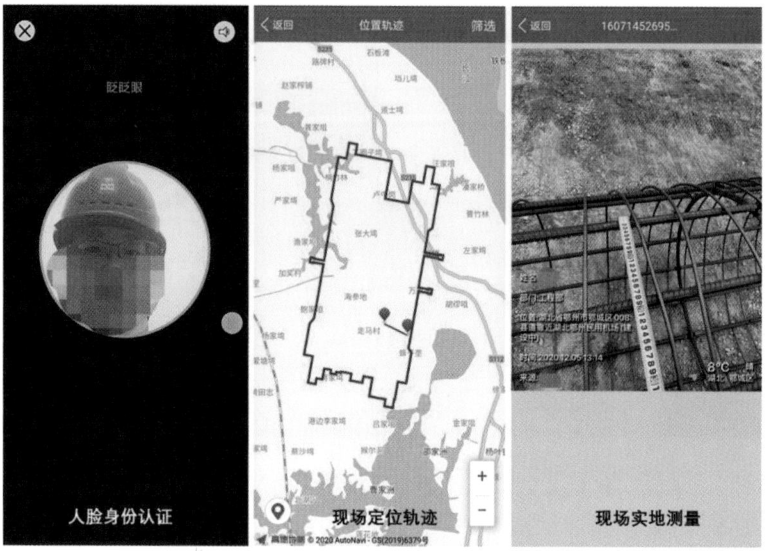

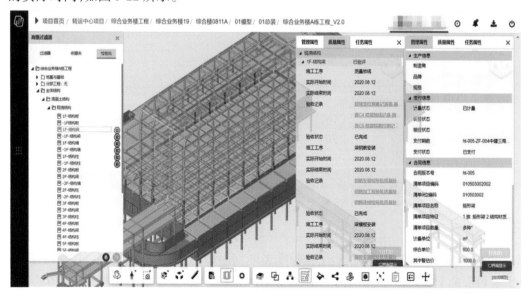

图 5-21　现场实人实地实测

根据系统工序库自动为每一个检验匹配工序,依次发起工序验收表单填报,系统自动获取基础信息,现场填报采集数据,拍照提交报监理审核,直到该检验批下的所有工序流程归档后,该检验批被标识为已质检状态。

(4)质量验评与计量关联

EPMS 系统可以展示各验评单元的质量验评状况,质量验评的时间也作为进度管理的实际时间,如图 5-22 所示。

图 5-22　质量验评状态

相比现行的过程形象进度计量，将质量验评的时间作为进度实际完成时间既直观地展示现场的真实进度，同时将验评状态作为实际工程量获取的前置条件，又避免项目管理中的超付现象。

（5）质量验评数据统计

质量验评可以按流程类别和流程状态进行统计，并以项目看板的方式将统计分析结果展示给用户；能够实时查询关键质量指标(按单位工程、专业、分部、分项划分)的分析结果，以图表方式直观地反映工程建设质量情况，如图 5-23 所示。

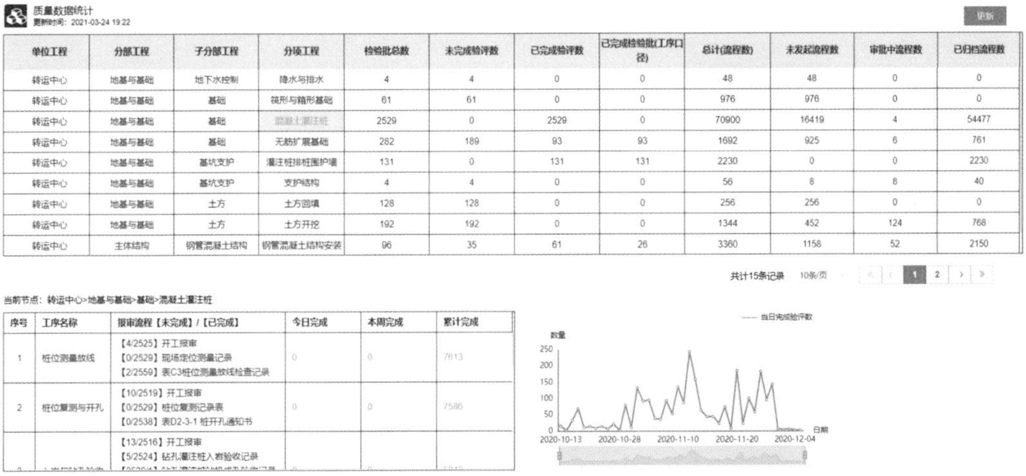

单位工程	分部工程	子分部工程	分项工程	检验批总数	未完成验评数	已完成验评数	已完成检验批(工序口径)	总计(流程数)	未发起流程数	审批中流程数	已归档流程数
转运中心	地基与基础	地下水控制	降水与排水	4	4	0	0	48	48	0	0
转运中心	地基与基础	基础	筏形与箱形基础	61	61	0	0	976	976	0	0
转运中心	地基与基础	基础	混凝土灌注桩	2529	0	2529	0	70900	16419	4	54477
转运中心	地基与基础	基础	无筋扩展基础	282	189	93	93	1692	925	6	761
转运中心	地基与基础	基坑支护	灌注桩排桩围护墙	131	0	131	131	2230	0	0	2230
转运中心	地基与基础	基坑支护	支护结构	4	4	0	0	56	8	8	40
转运中心	地基与基础	土方	土方回填	128	128	0	0	256	256	0	0
转运中心	地基与基础	土方	土方开挖	192	192	0	0	1344	452	124	768
转运中心	主体结构	钢管混凝土结构	钢管混凝土结构安装	96	35	61	26	3360	1158	52	2150

共计15条记录　10条/页　< 1 2 >

当前节点：转运中心>地基与基础>基础>混凝土灌注桩

序号	工序名称	报审流程【未完成】/【已完成】	今日完成	本周完成	累计完成
1	桩位测量放线	【4/2525】开工报审 /【0/2525】现场定位测量记录 /【2/2550】表C3桩位测量放线检查记录	0	0	7613
2	桩位复测与开孔	【10/2519】开工报审 /【0/2525】桩位测测记录表 /【2/2538】表D2-3-1 桩开孔通知书	0	0	75□□
		【13/2516】开工报审 /【5/2524】钻孔灌注桩入岩验收记录			

图 5-23　质量验评数据统计

5.3.4　数字化造价管理

1.数字化造价的目标

鄂州机场项目是基于BIM模型计量与计价的试点项目，采用全费用综合单价，由承包人自主报价，其中，全费用综合单价中的规费、增值税及总价措施费等费率的计取，应执行现行国家或省级、行业建设主管部门的相关约定。根据项目所涉及的各专业工程量计算规则、计价规则、工程量清单编制方法，特编制《鄂州机场项目计量计价规则》。在此基础上，EPMS 系统实现以下目标：

①实现不同的标段分权合同清单台账管理。系统模块支持不同标段、不同项目、不同专业分别设置成不同的合同台账。

②实现合同清单动态变更管理。

③实现合同计量管理。根据前端质量验评数据的变化，对已验收的构件自动生成计量汇总表、明细表，并配置相应流程表单，生成汇总表。审查表单时应可便捷地调用模型反查模型数据。

④实现合同支付管理。对已计量构件，可生成明细表并配置相应流程表单，生成支付申请表并可在各参与单位之间流转。审查表单时应可便捷地调用模型反查模型数据。

2.数字化造价业务设计

招标、合同录入、计量与支付是在模型工程量基础上应用的新的造价管理方式。各关联方通过此模块开展造价规则库维护、招标清单编制、合同录入、中间计量、中间支付以及费用变更的工作，项目组也可对各关联方的造价管理行为进行监管，加强了甲方在项目造价管控上的水平。其业务逻辑如图 5-24 所示。

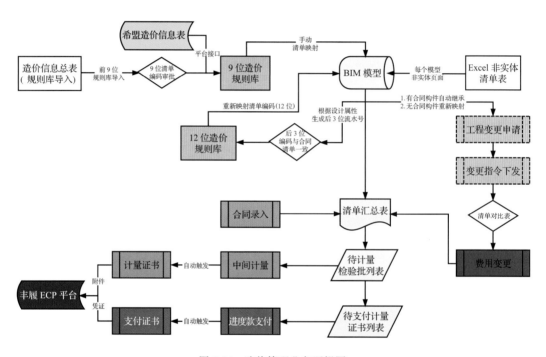

图 5-24　造价管理业务逻辑图

3.数字化造价的应用

（1）建立模型与清单的规则库

利用模型结构分类编码中的专业、子专业、二级子专业、构件类别、构件族、构件类型组成的 16 位编码与工程量清单的前 9 位编码关联，建立项目各个专业的映射规则库，如图 5-25 所示。

图 5-25　构件与清单映射规则库

通过平台造价规则库(图 5-26)为每一类构件自动赋予前 9 位清单编码,并根据构件的项目特征相关属性自动赋予后 3 位编码,实现可用于招标的全清单编码。

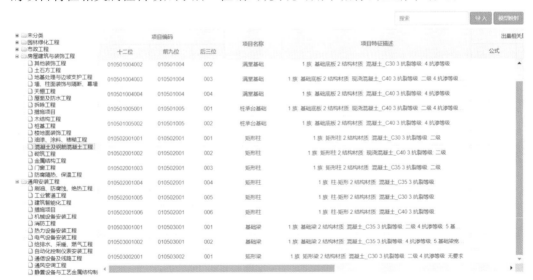

图 5-26　造价规则库

(2)编制工程量清单用于招标

在设计院提交并报审通过的设计模型的基础上,利用平台的规则库生成工程量清单,针对设计阶段暂不建模的清单项也可以在平台上补充,最终直接导出符合招标要求的工程量清单,如图 5-27 所示。该方式比从 CAD 图纸出工程量清单简单、高效。

保存　导出excel

序号	项目编码	项目名称	项目特征描述	计量单位	模型工程量	折算工程量	工程量	金额（元）综合单价	合价	其中：暂估价	备注
一、	/	桩基工程	/	/	/	/	/	/	/	/	/
✛	010302001007	泥浆护壁成孔灌注桩	1.构件子类别 钻孔灌注桩 2.结构材质 现浇混凝土_C40 3.抗渗等级 无 4.注浆类型 桩端后注浆 5.构件类型 700	m	121.13	0.00	121.13	0.00	0.00	0.00	按BIM模型直接提取
二、	/	未分类	/	/	/	/	/	/	/	/	/
✛	10302001001	泥浆护壁成孔灌注桩	1.构件子类别 钻孔灌注桩 2.结构材质 现浇混凝土_C40 3.抗渗等级 无 4.注浆类型 桩端后注浆 5.构件类型 800	m	627.35	0.00	627.35	0.00	0.00	0.00	按BIM模型直接提取

图 5-27　工程量清单表

（3）工程量的获取

将质量验评中已验评的构件信息同步到 BIM 模型，在 BIM 构件表和 BIM 模型中标记已验评、验收通过的构件。在计量支付中汇总统计已验评、验收的构件信息及工程量。合同清单中与模型无关联的清单项目基于合同清单项，计量的具体数量可在申请页面自行填写，由监理、甲方单位审核。图 5-28 所示为已验评待计量列表。

中间计量管理
全部

开始日期　-　结束日期　　发起中间计量　导出excel

	单位工程名称	分部工程名称	分项工程名称	检验批名称	待计量时间	构件个数	操作
☐	转运中心	基础	混凝土灌注桩	A1-ZHA-2	2020-10-08	15	查看模型
☐	转运中心	基础	混凝土灌注桩	A1-ZHA-20	2020-10-08	15	查看模型
☐	转运中心	基础	混凝土灌注桩	A1-ZHA-21	2020-10-08	15	查看模型
☐	转运中心	基础	混凝土灌注桩	A1-ZHA-22	2020-10-08	15	查看模型
☐	转运中心	基础	混凝土灌注桩	A1-ZHA-23	2020-10-08	15	查看模型
☐	转运中心	基础	混凝土灌注桩	A1-ZHA-24	2020-10-08	15	查看模型
☐	转运中心	基础	混凝土灌注桩	A1-ZHA-27	2020-10-12	14	查看模型
☐	转运中心	基础	混凝土灌注桩	A1-ZHA-28	2020-10-12	14	查看模型
☐	转运中心	基础	混凝土灌注桩	A1-ZHA-29	2020-10-12	15	查看模型
☐	转运中心	基础	混凝土灌注桩	A1-ZHA-3	2020-11-12	15	查看模型
☐	转运中心	基础	混凝土灌注桩	A1-ZHA-30	2020-10-12	14	查看模型
☐	转运中心	基础	混凝土灌注桩	A1-ZHA-31	2020-10-12	14	查看模型
☐	转运中心	基础	混凝土灌注桩	A1-ZHA-32	2020-10-12	14	查看模型
☐	转运中心	基础	混凝土灌注桩	A1-ZHA-33	2020-10-12	15	查看模型

图 5-28　已验评待计量列表

（4）计量申请

用户在已验评的构件列表发起计量支付表单（计量支付汇总表及明细表），点击图5-29 明细表中的单条清单项目可在轻量化模型中显示该条清单项目工程量所包含的构件，同时应能反映其质量验评信息。

图 5-29 中间计量申请

（5）支付申请

用户基于合同已计量工程量汇总表发起支付申请,并生成审批流及价格组成明细,并以合同为单位在平台中生成该合同的计量支付台账,如图 5-30 所示。

图 5-30　支付申请

　　已质检的构件才能计量与支付，实现精准的造价管理。通过在模型构件中增加质量验评状态、进度完工状态、计量状态和支付状态等项目管理属性，实现只有已质检的构件才能发起计量报审，通过计量的构件才能发起支付报审。构件质检与支付状态的查看界面如图 5-31 所示。

　　（6）费用变更申请

　　模型对比工程量为造价费用变更数据源。平台中造价管理以模型为基础，设计与施工的变化均需通过模型加以反映，并完成质检、计量与支付。因此模型对比工程量能精确反映设计图纸变化引起的工程量变化。考虑到存在设计与施工阶段均无法建模的个别构件，平台支持虚拟构件在模型中的使用。系统费用变更对比表如图 5-32 所示。不同变更引起构件新增、修改和删除的费用变更方式如表 5-1 所示。

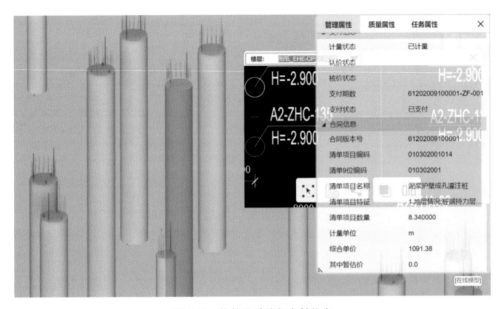

图 5-31　构件的质检与支付状态

图 5-32　系统费用变更对比表

表 5-1　不同构件的变更处理方式

类型	清单编码形成	计量与支付
新增构件	1.引用原有清单号和价格； 2.无造价库，先录库，后自动挂接清单，手动录入价格	正常划分检验批，计量与支付
修改构件	引用原有清单和单价，更新工程量	继承检验批，计量与支付
删除构件	读取删除构件原清单号、价格	1.未质检，删除后正常计量支付 2.已质检，隐藏后正常计量支付

5.3.5　数字化安全与风险管理

1.数字化安全与风险管理的目标

EPMS系统需实时追踪施工现场的不安全环境因素、实时追踪现场作业人员的不安全作业行为、预测设计本身存在的不安全因素、及时流转现场不安全信息、实时预警安全隐患、管理施工现场的人员及风险隐患,具备PC端及移动端实时查看调用安全管理系统数据,并对现场巡检过程中遇到的问题发起整改流程,实现安全管理信息的实时监控及管理。

基建工程项目管理是复杂的系统工程,作为业主方,从项目的报建开始,经过勘察设计、施工管理、工程竣工验收,直到投入运行,环节多、周期长,需要协调和管理的单位繁杂,协调和管理难度很大。鄂州枢纽项目投资规模大、投资主体多、建设项目杂、涉及专业多、建设周期长,由于项目本身的复杂性,带来的各种各样的风险因素也更多更大。因此,迫切需要采用系统化、智能化、科学化的手段,精准识别风险、系统管控风险、提前预报风险、及时化解风险,把风险的影响和危害降到最低限度,保证项目的顺利实施。

2.数字化安全与风险业务设计

风险管理模块包含风险库、风险措施库的录入,风险隐患自愿报告,风险警示和风险预警等内容。在项目的过程管理中,将风险库与工程项目管理的业务(如设计变更、进度调整、质量巡检、安全巡检、费用变更和资金计划申请追加等)提前关联起来,及时进行预警,提示风险管控部门和责任人加强风险管控,防止风险进一步发展和扩大。具体的业务逻辑如图5-33所示。

3.数字化安全与风险的应用

(1)风险库与风险措施库录入

风险库是风险防控的基础,应能录入风险的不同类别、风险源、风险点、风险级别、风险责任部门、责任人、风险措施,实现按不同的要求自动检索。风险措施库是对风险的防控措施。第一次录入最初制定的风险措施,要求以后可以多次增加和修改措施,但必须自动对比修改部分内容,如图5-34所示。

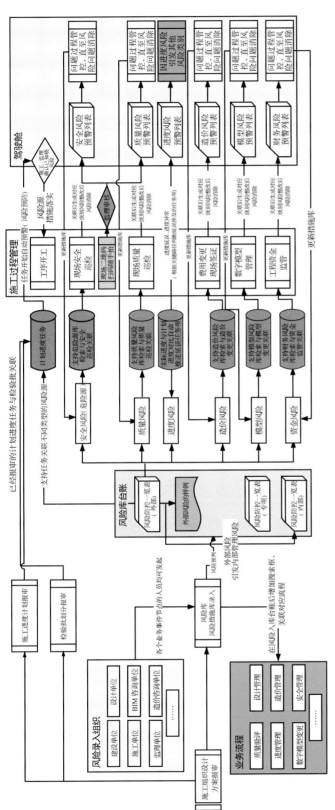

图 5-33 数字化安全风险管理业务逻辑

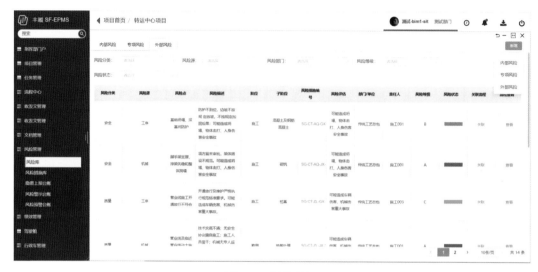

图 5-34　风险登记

（2）风险隐患上报

对自己在工作中发现的风险隐患或自己发现的别的方面的风险隐患进行填报，并提出预防和管控措施，如图 5-35 所示。填报的风险隐患和预防措施经评估后，确实能起到防范作用的，予以奖励。

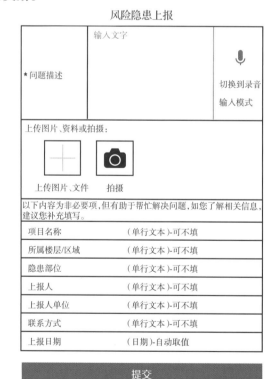

图 5-35　风险隐患上报

（3）风险与业务流程关联

在工程项目管理可能存在风险的业务流程上关联不同类别的风险点,可以在业务审批的过程中及时关注对应的风险点及对应的风险措施库,提前预判和辅助决策,如图5-36所示。

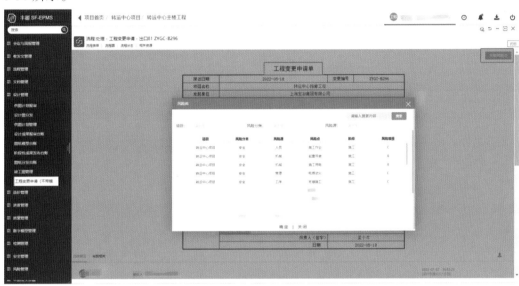

图 5-36　风险点与工程变更关联

（4）风险预警

对工程项目具有的风险苗头进行预警,提示风险管控部门和责任人加强风险管控,防止风险进一步发展和扩大,预警界面如图5-37所示。

图 5-37　风险预警

5.3.6 工程检测管理

1.工程检测的目标

为了实现对鄂州枢纽项目中工程原材料和现场检测及时有效的监测，保证项目监测数据真实可靠,打通 EPMS 系统与省检测系统的数据接口。具体目标如下:

①实现监测单位业务线上化管理,包含检测机构信息登记、检测人员信息登记、检测设备信息登记和检测方案报审等;

②实现 EPMS 系统与省检测系统中数据打通,采用统一的检测编号,确保见证委托单、实验室检测记录、检测报告关联查看,可追溯;

③第三方检测数据展示形成工程检测数据查看图表,包含委托单位统计、委托单统计和检测报告跟踪管理,以及实验室的视频监控查看。

2.工程检测业务设计

通过 EPMS 系统进行检测单位信息管理、检测过程记录和检测报告管理等。具体业务逻辑详见图 5-38。

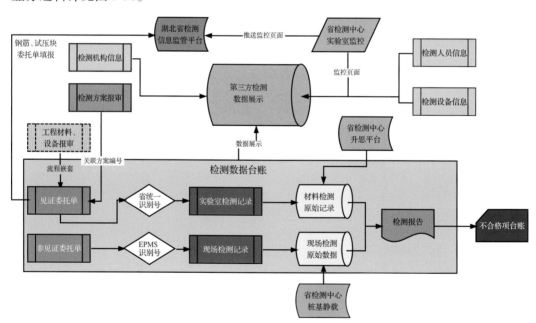

图 5-38　工程检测业务流程图

3.工程检测的应用

（1）委托单申请

通过将湖北省通用的各类原材料检测委托单线上化报审，可以及时填报现场见证取样信息,同时及时跟进检测过程,实现全过程业务数据关联,提高检测效率,如图 5-39所示。

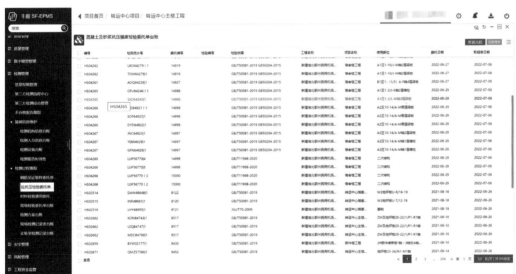

图 5-39　委托单汇总

（2）过程检测记录

考虑到检测过程的原始数据记录，在 EPMS 系统中通过线下拍照填报或与检测设备数据对接，实现检测数据的闭环管理，如图 5-40 所示。

图 5-40　实验室过程检测记录

（3）检测报告线上管理

在 EPMS 系统中可以直接浏览由省检测单位出具的质检报告，可与质量验评中的质检环节关联，作为质量验收的依据之一。同时线上检测报告的归档、查询提高了检测过程的及时性和科学性，如图 5-41 所示。

图 5-41　检测报告查看

（4）检测数据统计

第三方检测数据展示形成工程检测数据查看图表,包含委托单位统计、委托单统计和检测报告跟踪管理,以及实验室的视频监控查看,线上检测数据统计有利于项目的过程监督和预警,如图 5-42 所示。

图 5-42　检测数据统计

5.3.7　工程资金监管

1.工程资金监管的目标

为进一步加强对建设项目资金的有效监管,保证项目建设资金落实到位,对顺丰鄂州枢纽项目定制研发工程资金监管模块。具体目标如下:

①实现各施工总承包单位及其分包合同信息管理。

②实现对分包企业劳动用工和工资发放的监督管理,在工程项目部配备劳资专管员,建立施工人员进出场登记制度和考勤计量、工资支付等管理台账,实时掌握施工现场用工及其工资支付情况。

③实现对分包、主材、设备租赁、人工费、总包日常管理费五大类费用的统一线上管理。

④实现支付全流程的多平台数字化存证留档。

2.工程资金监管业务设计

通过 EPMS 系统协助建设方完成项目整体资金使用流向汇总,按照建设方要求,在规定时间内进行合同信息录入、人员信息录入、考勤信息录入(需要与劳务实名制系统对接)、资金计划申请、人员工资申请、资金使用申请等,并根据审批完成的资金计划,进行工程资金使用报备。具体业务逻辑如图 5-43 所示。

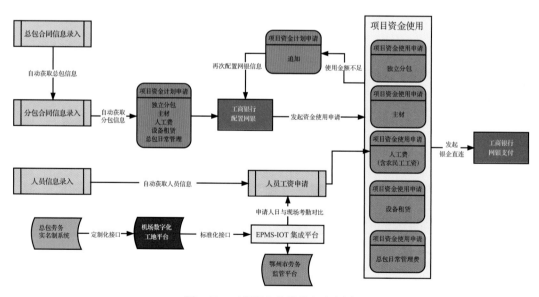

图 5-43　工程资金监管业务流程图

3.工程资金监管的应用

(1)合同信息录入

承包方需将各类合同、分包、工作人员信息录入 EPMS 系统的合同管理、分包管理、人员管理模块中,并仔细核查,提交流程,经审批通过后入库,如图 5-44 所示。

图 5-44 合同信息录入

(2)工程资金计划申请

承包人应根据资金使用需要整理分包、材料、人工、设备及其他事务资金申请使用详情,并通过 EPMS 系统资金计划申请流程进行资金计划上报。申请金额不能超过实际合同金额,如图 5-45 所示。

图 5-45 工程资金计划申请

(3)人员工资发放申请

需将各类劳务合同工作人员信息录入 EPMS 系统的人员管理模块中,包含人员姓名、身份证号、银行信息和工资详情,并仔细核实,提交流程,经审批通过后入库。在每月提交人员工资发放申请时自动获取已经入库的人员信息,同时与现场劳务实名制的考勤信息对比,确保发放人员真实有效,工资发放到位,如图 5-46 所示。

图 5-46　人员工资发放申请

（4）工程资金使用申请

依据审批通过的"资金使用申请表"，提交网银支付指令，由银行网银系统判断是否需要甲方审批，如审批无误即付款成功。若出现超额，需追加"资金计划申请表"后，再提交支付申请，以实现进度款支付不超付的目标，如图 5-47 所示。

图 5-47　工程资金使用申请

5.4　BIM 平台应用总结

1.以信息为中心的平台研发思路

BIM技术的核心是I，即信息管理；EPMS 系统的管理是利用业务事件流程驱动数据扭转。BIM+PM 结合的管理思路将是未来项目管理的主要方向，后续项目管理是利用多项目管理数据完成自动化决策,形成成熟的项目管理的标准。

2.以计量计价为重点的业务管理核心

造价管理是甲乙双方管理的重点,EPMS 系统的业务管理核心是基于模型构件进行合同、计量、支付与变更的管理,目前项目运行已经论证该系统是切实可行的。虽然出量规则与国家现行清单定额计量有一定差异,但是基于模型算量是未来发展的趋势。

3.以标准与规则促进 BIM 信息管理效果

EPMS 系统录入构件的编码库、造价的规则库、质量验评的工序库,形成了一套完整的项目管理标准,项目管理有赖于 BIM 模型建模的精度和统一的编码标准。目前国家也相继出台了一系列 BIM 框架性标准,但是不同项目的具体执行还存在一定差异,BIM建模要求、编码标准和验收标准将是平台落地的保障。

4.统筹考量系统与业务的关系

顺丰鄂州枢纽项目涉及 BIM 构件库管理、设计与变更管理、进度管理、质量管理、成本管理与智慧工地建设,系统总体设计应考虑数据库统一性、系统之间的兼容性和业务管理的关联性,最终实现项目的各项目标。

第6章 结论与展望

6.1 花湖机场 BIM 应用特点归纳

花湖机场建设是以数字化平台为支撑，以BIM应用为基础，推进全阶段、全专业、全业务、全参与的工程建造。其中软件应用有"四个全"的特点。

（1）全阶段 BIM 实施

覆盖方案设计、初步设计、施工图设计、施工建造、竣工及其他过程伴随阶段（如采购招标、工程过程监理、进度计量支付、竣工交付、结算审计等）。

（2）全专业 BIM 实施

覆盖地质、岩土、场道、建筑、结构、助航灯光、航管、市政、水暖电等 29 个专业。

（3）全业务 BIM 实施

覆盖勘察测量、计量造价、招标、设计管理、施工项目管理、工程资料管理等。

（4）全参与 BIM 实施

覆盖建设单位、BIM咨询、设计单位、造价咨询、设备供应商、施工单位、监理单位等。

该项目通过"四个全"创建了机场数字孪生的样板，工程始终以落实"平安、绿色、智慧、人文"四型机场建设为目标。以"智慧"为四型机场的建设核心，助力四型机场建设，为打造湖北国际航空客运、货运"双枢纽"奉献顺丰力量。

6.2 BIM 软件应用创新点总结

6.2.1 BIM 软件应用以按模施工为导向

花湖机场按模施工要求施工图必须从 BIM 模型中直接切图得到，从而确保图、模、物一致，如图 6-1 所示。为满足这一需求，与传统项目的 BIM 软件应用相比，本项目 BIM 软件应用创新主要体现在以下方面：①模型精度高。模型建立力求与实际施工状况一致，因此深化设计阶段，模型的精度普遍达到了 LOD350 标准或更高，且模型下发之前要经过包括造价、监理、BIM 咨询、业主的多方审核，因此 BIM 软件建模必须以实际工程项目为要求,力求物模一致。②软件切图重要性提升。传统项目是以设计院出具的施工图为施工依据,BIM 模型出图仅仅作为辅助,导致 BIM 切图功能往往被忽视,而本项目要求 BIM 切图为指导施工的依据,因此 BIM 切图应用的深度和广度均显著高于传统项目。③交底手段多样化。得益于高精度 BIM 模型,施工交底手段可以得到极大丰富,3D 模型查看、4D 施工模拟、现场 AR 技术都在花湖机场交底过程得到了应用,从而提升了交底的效率。④无纸化程度显著提高。项目采用了基于 BIM 的工作方式,大量信息由传统线下、以纸张为载体的形式转化为线上、以电子模型和文档为载体的形式,显著提升了花湖机场建设过程中的无纸化水平。

图 6-1　按模施工

6.2.2　BIM 软件应用支撑数字化质量验评

鄂州机场管理团队在工程建设期间提出了基于BIM质量验评的规则、方法,使机场行业宝贵的知识软件化成为可能。BIM 软件的应用聚焦工程全生命周期管理、工程建设项目管理、质量验评等关键问题,通过软件的协同攻关和部署,结合以质量验评为驱动的业务保证逻辑,利用数据库技术将模型信息、工程计量信息与质量验评信息进行关联,其中质量验评模块通过实人、实地、实测的方式,将结果管控转变为过程管控,为工程建设过程中管控辅助决策提供准确依据。质量验评流程如图 6-2 所示。

6.2.3　BIM 软件应用满足计量支付要求

按模计量为花湖机场 BIM 应用的一个特点,BIM 构件的模型量为各阶段工程量计算的根据,因此,BIM 软件的应用必须满足计量支付的要求,具体为:在造价应用中,必须严格按照建模标准和不同的构件类别要求建模,而 BIM 平台必须设计专门的功能以提取 BIM 模型中构件类型数据,用于造价咨询单位维护信息总表中构件类型的造价信息;在支付审核阶段,构件必须挂接特定字段用于反映工程量,同时 BIM 平台需要能够接收按照类型完成的造价编码数据信息,同时接收检验批归档而来的分项工程数据进入系统中,生成计算书,发起并完成计量支付流程,具体流程及实施方案如图 6-3 所示。

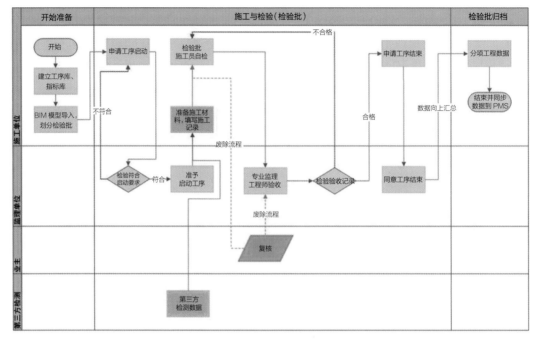

图 6-2 质量验评

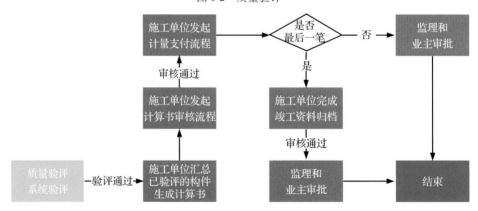

图 6-3 计量支付

6.2.4 BIM 软件应用与工程变更联动

传统项目的变更管理与 BIM 模型关联不大,仅仅反映在施工图的变更上,从而导致模型不随项目变更而变化,模型与项目实施严重脱节。为避免上述问题的发生,花湖机场 BIM 软件应用要求深化模型与变更相联动,即当某项变更经过综合会审通过后,施工单位根据变更后的设计资料完成变更模型并提交审核,待审核通过后,将变更后的模型切图作为指导现场施工的依据,同时可基于模型完成计量支付。相较于传统工程变更,本应用创新保证了变更情况在模型中的体现,一方面可作为变更后进度、价款调整的证据,另一方面也确保了模型与实物的高度一致,项目完工后,深化设计模型自然成了竣工模型,为项目运维阶段 BIM 应用创造了良好条件,整个过程如图 6-4 所示。

图 6-4 变更管理

6.3 BIM 软件应用存在的问题

虽然花湖机场 BIM 软件应用取得了不少突破,但仍然存在一些问题有待后续解决,主要问题如下。

(1)软件使用方面

不同厂商的 BIM 软件数据格式不兼容的情况依然存在。虽然花湖机场采取了一系列行之有效的措施,但并未从根本上解决该问题,导致设计模型-施工深化模型的流转程度较低,重复建模的问题依然存在。例如,空管塔台、灯光站等单项工程的建筑模型在设计阶段是由 Bentley 公司的 OpenBuildings Designer 创建的,但是施工准备阶段,施工单位采用的建模软件是 Autodesk 公司的 Revit 软件,二者不能直接兼容导致施工单位无法在设计 BIM 模型上进行深化,只能根据施工图进行二次建模,增加了不必要的建模时间和精力,影响了 BIM 效果的发挥。

(2)软件开发方面

软件功能的扩展程度取决于对应软件 API 提供的接口类型,对于未提供 API 支持的功能,扩展难度非常大。例如,智能跑道、灯光等使用 MicroStation 建模的标段需要获取线缆长度用于工程量统计,对于 MicroStation 早期版本的.NetAPI 没有提供线缆、线管等拉伸实体的路径长度数据的访问接口,只能采用 MDL 或用 C++API 获得,这对于开发人员的编程语言掌握类型提出了较高的要求。

(3)平台研发方面

花湖机场建设周期较长,设计专业、标段、参建方众多,模型精度高、体量大,上述特点一方面要求平台必须具有强大的功能和数据承载能力,另一方面也要求平台必须及时对相应项目进行过程中的动态调整的各项需求进行响应。而花湖机场虽然以 EPMS 为主要 BIM 平台,但随着项目的推进,模型数据、模型审核报告、监理实测实量照片等信息以及并发用户的访问数量逐渐超出了该平台的数据承载能力,因此在施工阶段增加了一些辅助平台用于分担上述压力,导致了相关数据不得不在多个平台流转,增大了数据管理的难度。

6.4 BIM 应用的展望

6.4.1 与 PDM、PLM 理念融合

产品数据管理(Product Data Management,PDM)是一门用来治理所有与产品相关信息(包括零件、配置、文档、CAD 文件、结构、权限等信息)和所有与产品相关过程(包括过程定义和治理)的技术。PDM 被明确定位为面向制造企业,以产品为治理的核心,以数据、过程和资源为治理信息的三大要素。PDM 进行信息治理的两条主线是静态的产品结构和动态的产品设计流程,所有的信息组织和资源治理几乎都是围绕产品设计展开的,这也是 PDM 系统有别于其他信息治理系统,如企业信息治理系统(MIS)、制造资源计划(MRPⅡ)、项目治理系统(PM)、企业资源计划(ERP)的关键所在。

产品生命周期管理系统(Product Lifecycle Managerment,PLM)是一种应用于单一地点的企业内部或多个地点的企业内部,以及在产品研发领域具有协作关系的企业之间的,支持产品全生命周期的信息创建、管理、分发和应用的解决方案。它集成了与产品相关的人力资源、流程、应用系统和信息,提升企业的生产效率,优化企业商业流程,减少错误发生,从而降低成本,提高利润。

花湖机场基于 PDM 及 PLM 理念,创新应用,是国内第一个应用 BIM 技术全面实现设计、招标、建造、质量验评、计量计价、运维等全生命期的试点项目;第一个基于 BIM 的造价管理改革试点,将 BIM 要求写入工程招标文件进行合同管理;第一个自主研发基于 BIM 的全生命期数字化综合管理平台(PLM)的项目。

从设计"图模一致"到建造"物模一致",数字技术助力鄂州"四型机场"的建设,如图 6-5 所示。

图 6-5　花湖机场 PDM-PLM 概念模型

6.4.2　助力工业软件研发

工业软件的开发程度是衡量一个国家工业水平的重要指标之一。目前业界对工业软件概念缺乏标准描述,根据工业和信息化部电子第五研究所的《工业技术软件化研究报告》的定义:工业技术软件化是一种充分利用软件技术,实现工业技术/知识的持续积累、系统转化、集智应用、泛在部署的培育和发展过程,其成果是产出工业软件,推动工业进步。判断工业软件可以把握两点:一是实际内容——软件中的技术/知识以工业内容为主;二是最终作用——软件直接为工业过程和产品增值。工业软件本身是工业技术软件化的产物,是工业化的顶级产品。它既是研制复杂产品的关键工具和生产要素,也是工业机械装备("工业之母")中的"软零件""软装备",是工业品的基本构成要素。工业软件的创新、研发、应用和普及已成为衡量一个国家制造业综合实力的重要标志之一。发展工业软件是工业智能化的前提,是工业实现要素驱动向创新驱动转变的动力,是推动我国由工业大国向工业强国转变的助推器,是提升工业国际竞争力的重要抓手,是确保工业产业链安全与韧性的根本所在。

根据《软件产品分类》(GB/T 36475—2018),工业软件(F 类)被分为工业总线、计算机辅助设计(CAD)、计算机辅助制造(CAM)等 9 类,F 类工业软件囊括了市面上大部分软件产品。我国工业软件与国外工业软件还存在较大差距,究其原因在于没有掌握内核科技,所以基于花湖机场数字建造模型是研究工业软件向何处发展的试金石,花湖机场创造了高精度、大体量的多源数据,这些数据为后期软件应用提供了保障,基于模型架构反算软件核心可以更高效地建立软件应用体系,为后续工业软件探索提供了有力支撑。

6.4.3　促进 BIM-AODB 软件系统的耦合进化

湖北鄂州民用机场性质为货运枢纽、客运支线机场,根据航空业务量预测和鄂州市发展需要,机场航站楼建筑面积按15000m² 统一规划设计,规划航站楼采取前列式、平行跑道方向布置。航站楼建筑构型采用一层半式,采用登机桥方式登机。本期设计规模拟按满足 2025 年业务量,目标年航空业务量如下:目标年国内旅客吞吐量为 100 万人次,高峰小时旅客吞吐量 493 人。

要实现机场营运的有效管理,首先必须实现机场日常营运的所有数据的集中管理。信息集成系统(Information integration System,IIS)和机场营运数据库(Airport Operation DataBase,AODB)是机场营运数据的管理中心,储存着机场日常营运所有必要的数据,分析、处理和传送营运管理的数据和航班信息。可以认为,AODB 系统是机场运维阶段的数据中枢。

结合 AODB 和 BIM 的目的、功能和数据类型，不难发现二者相互协同、优势互补的特征非常明显，后续运维过程中，可以从以下方面推进 BIM 与 AODB 的耦合进化：①机场高精度的 BIM 竣工模型提供了花湖机场的虚拟环境，通过结合运维阶段众多任务的业务逻辑，基于 AODB 的大量历史数据提取机场人流、物流、航空器流的运转规律和相互耦合规律内嵌到模型中，最终形成机场数字孪生系统，基于该系统可模拟机场诸要素的实际运行状态，并为各项机场管控措施的测试创建数字化环境，提高机场运维过程中相关决策的科学性。②AODB 系统输出数据来源于机场诸专业的各项建、构筑物和设施设备，基于施工阶段形成的 BIM 数字底盘与 AODB 系统熔接将实现上述信息的自动提取，无疑会极大提升 AODB 的信息处理效率和应用效果，然而，国内外在 BIM-AODB 中间件的研发方面尚处于空白。花湖机场在施工阶段已经形成了完备的 BIM 数据，可为 BIM-AODB 中间件研发提供良好基础。③在 BIM-AODB 数据融合的过程中，不断优化机场运维阶段的业务流程，将 BIM-AODB 协同价值最大化发挥。该业务流程作为机场项目设计—施工—运维全寿命周期的逻辑主线，并基于此建立起包含 BIM 与 AODB 的综合系统，以实现项目全寿命周期管理。

参考文献

［1］何关培.BIM 和 BIM 相关软件[J].土木建筑工程信息技术,2010(4):110-117.

［2］丁烈云.BIM 应用·施工[M].上海:同济大学出版社,2015.

［3］刘欣,亓爽.CAD/BIM 技术与应用[M].北京:北京理工大学出版社,2021.

［4］赵海成,蒋少艳,陈涌.建筑工程 BIM 造价应用[M].北京:北京理工大学出版社,2020.

［5］李邵建.BIM 纲要[M].上海:同济大学出版社,2015.

附录 1　花湖机场 BIM 软件推荐清单

附 1.1　BIM 建模软件推荐清单

编号	专业	类型	软件及版本	软件公司名称
1	总图专业	常规建模	Autodesk Infraworks 2018 版	Autodesk 公司
			Autodesk Revit 2018 版	Autodesk 公司
			MicroStation CONNECT Edition 版	Bentley 公司
			OpenRoads Designer CONNECT Edition 版	Bentley 公司
			CNCCBIM OpenRoads Designer	Bentley 公司
2	地形	常规建模	AutoCAD Civil 3D 2018 版	Autodesk 公司
			OpenRoads Designer CONNECT Edition 版/CNCCBIM OpenRoads Designer	Bentley 公司
3	地质、岩土	常规建模	SKUA-GOCAD17	Paradigm
			ItasCAD V3.5	依泰斯卡公司
			BM_GeoModelerS2019	秉睦科技
			OpenRoads Designer CONNECT Edition 版	Bentley 公司
4	场道	常规建模	OpenRoads Designer CONNECT Edition 版/CNCCBIM OpenRoads Designer	Bentley 公司
5	助航灯光	常规建模	MicroStation CONNECT Edition 版	Bentley 公司
			Bentley Raceway and Cable Management CONNECT Edition	Bentley 公司
6	建筑与装修专业	常规建模	Autodesk Revit 2018 版	Autodesk 公司
			MicroStation CONNECT Edition 版	Bentley 公司
			OpenBuildings Designer CONNECT Edition 版	Bentley 公司
7	结构专业	常规建模	Autodesk Revit 2018 版	Autodesk 公司
			MicroStation CONNECT Edition 版	Bentley 公司
			OpenBuildings Designer CONNECT Edition 版	Bentley 公司
		钢筋建模	ProStructures CONNECT Edition 版	Bentley 公司
			Autodesk Revit 2018 版	Autodesk 公司
			晨曦	晨曦科技
		钢结构建模	Tekla Structure 2018 版	Trimble 公司
			ProStructures CONNECT Edition 版	Bentley 公司

续表

编号	专业	类型	软件及版本	软件公司名称
8	幕墙专业	常规建模	Dassault Caitia R21 版	Dassault 公司
			Autodesk Revit 2018 版	Autodesk 公司
			Rhino 6.0 版	McNeel 公司
			OpenBuildings Designer CONNECT Edition 版	Bentley 公司
9	给排水、电气	常规建模	Autodesk Revit 2018 版	Autodesk 公司
			MicroStation CONNECT Edition 版	Bentley 公司
			OpenBuildings Designer CONNECT Edition 版	Bentley 公司
			Rebro2019	株式会社 NYK 系统研究所
			MagiCAD for Revit	广联达公司
10	暖通	常规建模	Autodesk Revit 2018 版	Autodesk 公司
			OpenBuildings Designer CONNECT Edition 版	Bentley 公司
			Rebro2019	株式会社 NYK 系统研究所
			EP3D Easy Plant V1.0 版	北京高佳科技有限公司
11	市政专业	常规建模	Autodesk Revit 2018 版	Autodesk 公司
			MicroStation CONNECT Edition 版	Bentley 公司
			ProStructures CONNECT Edition 版	Bentley 公司
			OpenBuildings Designer CONNECT Edition 版	Bentley 公司
			OpenRoads Designer CONNECT Edition 版	Bentley 公司
12	工业管线	常规建模	OpenPlant CONNECT Edition 版	Bentley 公司
			Autodesk Revit 2018 版	Autodesk 公司
13	道桥及道面工程	常规建模	AutoCAD Civil 3D 2018 版	Autodesk 公司
			Autodesk Revit 2018 版	Autodesk 公司
			MicroStation CONNECT Edition 版	Bentley 公司
			ProStructures CONNECT Edition 版	Bentley 公司
			OpenBridge Modeler CONNECT Edition 版	Bentley 公司
			OpenRoads Designer CONNECT Edition 版	Bentley 公司
14	综合管廊	常规建模	Autodesk Revit 2018 版	Autodesk 公司
			Dassault Caitia R21 版	Dassault 公司
			MicroStation CONNECT Edition 版	Bentley 公司
			ProStructures CONNECT Edition 版	Bentley 公司
			OpenBuildings Designer CONNECT Edition 版	Bentley 公司
			OpenRoads Designer CONNECT Edition 版	Bentley 公司

附 1.2　BIM 应用软件推荐清单

编号	应用阶段	基本应用点	软件及版本	软件公司名称
1	策划与规划阶段	概念模型展示与建设条件分析	Autodesk Navisworks 2018 版	Autodesk 公司
2			SketchUp 2018 版	Trimble 公司
3			Navigator CONNECT Edition 版	Bentley 公司
4		投资估算实物工程量计算	广联达 GTJ2018+广联达 BIM 5D 3.5	广联达公司
5			斯维尔 BIM 三维算量 2018 For Revit+斯维尔 BIM 5D 2018	斯维尔公司
6	方案设计阶段	场地分析	AutoCAD Civil 3D 2018 版	Autodesk 公司
7			PowerCivil V8i 版	Bentley 公司
8		排水分析	AutoCAD Civil 3D 2018 版	Autodesk 公司
9			PowerCivil V8i 版	Bentley 公司
10		土方开挖分析	AutoCAD Civil 3D 2018 版	Autodesk 公司
11			PowerCivil V8i 版	Bentley 公司
12		室外风环境分析	Phoenics 2009 版	Cham 公司
13			Fluent 17.0 版	ANSYS 公司
14			Autodesk Ecotect Analysis 2011 版	Autodesk 公司
15			Autodesk CFD 2017 版	Autodesk 公司
16		室外热环境分析	Phoenics 2009 版	Cham 公司
17			Fluent 17.0 版	ANSYS 公司
18			Autodesk Ecotect Analysis 2011 版	Autodesk 公司
19		日照分析	斯维尔日照分析 THS-Sun 2016 版	斯维尔公司
20			Autodesk Ecotect Analysis 2011 版	Autodesk 公司
21		室外声环境分析	Cadna/A 4.5 版	Datakustik
22		交通分析	Pathfinder 2017 版	Thunderhead公司
23			TransCAD 6 版	CALIPER 公司
24			Autodesk Infraworks 2018 版	Autodesk 公司
25		形体分析	Autodesk Revit 2018 版	Autodesk 公司
26			SketchUp 2018 版	Trimble 公司
27			Rhino 6.0 版	McNeel 公司
28		虚拟仿真漫游	Autodesk Navisworks 2018 版	Autodesk 公司
29			Fuzor 2020 版	Kalloc Studios
30			Lumion 10	Autodesk 公司
31			LumenRT CONNECT Edition 版	Bentley 公司
32			Navigator CONNECT Edition 版	Bentley 公司

续表

编号	应用阶段	基本应用点	软件及版本	软件公司名称
33	方案设计阶段	设计方案比选	Autodesk Revit 2018 版	Autodesk 公司
34			OpenBuildings Designer CONNECT Edition 版	Bentley 公司
35		投资估算实物工程量修正计算	广联达 GTJ2018+广联达 BIM 5D 3.5	广联达公司
36			斯维尔 BIM 三维算量 2018 For Revit+斯维尔 BIM 5D 2018	斯维尔公司
37	初步设计阶段	室内温度分析	Phoenics 2009 版	Cham 公司
38			Fluent 17.0 版	ANSYS 公司
39			Autodesk Ecotect Analysis 2011 版	Autodesk 公司
40		室内气流组织分析	Phoenics 2009 版	Cham 公司
41			Fluent 17.0 版	ANSYS 公司
42			Autodesk Ecotect Analysis 2011 版	Autodesk 公司
43			Autodesk CFD 2017 版	Autodesk 公司
44		室外声环境分析	Cadna/A 4.5 版	Datakustik
45		建筑热工和能耗分析	斯维尔节能设计 THS-Becs 2016 版	斯维尔公司
46			Autodesk Ecotect Analysis 2011 版	Autodesk 公司
47			DeST 3.0 版	清华大学
48		火灾模拟和人员疏散分析	Pathfinder 2017 版	Thunderhead公司
49			PyroSim	NIST
50			FDS 6.5.2 版	NIST
51			TransCAD 6 版	CALIPER 公司
52			Massmotion	奥雅纳公司
53		客流仿真分析	Pathfinder 2017 版	Thunderhead公司
54			TransCAD 6 版	CALIPER 公司
55			Massmotion	奥雅纳公司
56		行李系统模拟分析	Pathfinder 2017 版	Thunderhead公司
57			Autodesk Navisworks 2018 版	Autodesk 公司
58		雨水系统分析	Dassault Caitia R21 版	Dassault 公司
59			Rhino 6.0 版	McNeel 公司
60		结构分析	构力 PKPM-BIM	构力科技公司
61			YJKS1.8(2018 年 6 月版本)	盈建科公司
62		明细表应用	Autodesk Revit 2018 版	Autodesk 公司
63			OpenBuildings Designer CONNECT Edition 版	Bentley 公司
64		碰撞检查和管线综合	Autodesk Revit 2018 版	Autodesk 公司
65			Autodesk Navisworks 2018 版	Autodesk 公司
66			OpenBuildings Designer CONNECT Edition 版	Bentley 公司

续表

编号	应用阶段	基本应用点	软件及版本	软件公司名称
67	初步设计阶段	净高优化	Autodesk Navisworks 2018 版	Autodesk 公司
68			Navigator CONNECT Edition 版	Bentley 公司
69		工艺方案模拟与设计方案优化	Autodesk Revit 2018 版	Autodesk 公司
70			OpenBuildings Designer CONNECT Edition 版	Bentley 公司
71			Fuzor 2020 版	Kalloc Studios
72		设计概算工程量计算	广联达 GTJ2018+广联达 BIM 5D 3.5	广联达公司
73			斯维尔 BIM 三维算量 2018 For Revit+斯维尔 BIM 5D 2018	斯维尔公司
74	施工图设计阶段	标识系统可视化分析	Autodesk Revit 2018 版	Autodesk 公司
75			OpenRoads Designer CONNECT Edition 版	Bentley 公司
76			OpenBuildings Designer CONNECT Edition 版	Bentley 公司
77		碰撞检查和管线综合	Autodesk Navisworks 2018 版	Autodesk 公司
78			Navigator CONNECT Edition 版	Bentley 公司
79			OpenBuildings Designer CONNECT Edition 版	Bentley 公司
80			MagiCAD for Revit	广联达公司
81		净高优化	Autodesk Revit 2018 版	Autodesk 公司
82			OpenBuildings Designer CONNECT Edition 版	Bentley 公司
83		精装设计协调	Autodesk Revit 2018 版	Autodesk 公司
84			OpenBuildings Designer CONNECT Edition 版	Bentley 公司
85		建筑性能分析-照明分析	Autodesk Ecotect Analysis 2011 版	Autodesk 公司
86			DIAlux evo 7.0 版	DIAL GmbH 公司
87	施工准备阶段	三维模型设计交底	Autodesk Revit 2018 版	Autodesk 公司
88			OpenRoads Designer CONNECT Edition 版	Bentley 公司
89			OpenBuildings Designer CONNECT Edition 版	Bentley 公司
90		砌筑深化设计	广联达 GTJ2018+广联达 BIM 5D 3.5	广联达公司
91			斯维尔 BIM 三维算量 2018 For Revit+斯维尔 BIM 5D 2018	斯维尔公司
92		钢结构深化设计	Tekla Structure 2018 版	Trimble 公司
93		机电管线深化设计	Autodesk Revit 2018 版	Autodesk 公司
94			OpenBuildings Designer CONNECT Edition 版	Bentley 公司
95			博超电缆敷设软件	北京博超时代软件有限公司
96			MagiCAD for Revit	广联达公司
97			Rebro2019	株式会社 NYK 系统研究所
98		幕墙深化设计	Dassault Caitia R21 版	Dassault 公司
99			Rhino 6.0 版	McNeel 公司

续表

编号	应用阶段	基本应用点	软件及版本	软件公司名称
100	施工准备阶段	4D 施工模拟	Autodesk Navisworks 2018 版	Autodesk 公司
101			Navigator CONNECT Edition 版	Bentley 公司
102			Fuzor 2020 版	Kalloc Studios
103		施工方案模拟	Autodesk Navisworks 2018 版	Autodesk 公司
104			Navigator CONNECT Edition 版	Bentley 公司
105		施工场地规划	Autodesk Navisworks 2018 版	Autodesk 公司
106			广联达 BIM 施工现场布置软件	广联达公司
107		构件预制加工管理	Autodesk Revit 2018 版	Autodesk 公司
108			ProStructures	Bentley 公司
109			Tekla Structure 2018 版	Trimble 公司
110	施工实施阶段	设备与材料管理	项目管理平台	希盟科技有限公司
111		质量与安全管理	质量验评平台	希盟科技有限公司
112	竣工验收阶段	竣工验收	项目管理平台	武汉英思科技有限公司

附录2 基于 CNCCBIM OpenRoads 的花湖机场场道工程 BIM 建模案例详解

附 2.1 案例背景

机场道面设计属于民航特色专业，在整个机场建设过程中地位尤其重要。修建机场道面的目的是为规定型号的飞机提供安全、快速、适用、舒适的道面结构，机场道面是机场内主体工程项目，其质量好坏会直接影响飞行区的安全和使用品质。

鄂州花湖机场一期分为东西两条跑道，跑道均为 3600m 长、45m 宽，飞行区等级为 4E 级。道面结构的 BIM 技术应用应充分考虑机场水泥混凝土道面结构设计的相关要求，如混凝土耐久性、道面板厚、分块设计等一系列的道面结构设计要求，通过 BIM 技术将设计中的需求展示出来。由于本次鄂州花湖机场项目将场道 BIM 技术应用到了 LOD 450 的模型应用深度，为了满足该建模需求，花湖机场场道标段选择 CNCCBIM OpenRoads 软件作为建模工具。

附 2.2 CNCCBIM OpenRoads 使用前准备工作

附 2.2.1 创建工作环境

为了保证场道各部分模型能在统一的模板上绘制，必须首先定义工作环境，通过配置变量的形式定义机场工程 WorkSet，将花湖机场中线信息存储在 Dgnlib 文件中，具体操作如下[①]：

双击 C 盘找到 Program Data—Bentley—CNCCBIM OpenRoads 文件夹（如果在该文件夹找不到工作环境，请点击 Bentley 其他文件夹，直到找到正确的工作环境为止），找到 Configuration—Organization-Civil，如附图 2-1 所示。

---

① 本章的操作均假设 CNCCBIM OpenRoads 是采取默认安装的选项，即程序安装目录为 C 盘，若安装在其他盘请结合实际情况调整。

(C:) > ProgramData > Bentley > CNCCBIMOpenRoads > Configuration > Organization-Civil

名称

- _Civil Default Standards - EzhouMetric
- _Civil Default Standards - Imperial
- _Civil Default Standards - Metric
- Preference Seeds
- _Civil Default Standards - EzhouMetric.cfg
- _Civil Default Standards - Imperial.cfg
- _Civil Default Standards - Metric.cfg
- Workspace Updates - 2018 Release 2.pdf
- Workspace Updates - 2018 Release 3.pdf
- Workspace Updates - 2018 Release 4.pdf
- Workspace Updates - 2019 Release 1.pdf

附图 2-1　工作空间路径

在 CNCCBIM OpenRoads 文件夹中找到 Configuration 文件夹,进入其中的 Organization-Civil 文件夹,复制_Civil Default Standards-Metric 文件夹和_Civil Default Standards-Metric.cfg 文件。回到 Configuration 文件夹,进入其中的 WorkSpaces 文件夹,将以上复制内容复制到这个文件夹中,并将二者的名称都改为"鄂州花湖机场项目",最后打开 cfg 文件,修改其中的 "Civil_ORGANIZATION_NAME=鄂州花湖机场项目",就完成了工作文件的配置,如附图 2-2 所示。

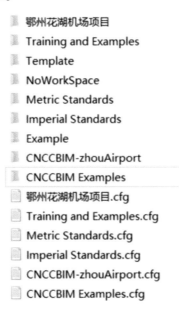

- 鄂州花湖机场项目
- Training and Examples
- Template
- NoWorkSpace
- Metric Standards
- Imperial Standards
- Example
- CNCCBIM-zhouAirport
- CNCCBIM Examples
- 鄂州花湖机场项目.cfg
- Training and Examples.cfg
- Metric Standards.cfg
- Imperial Standards.cfg
- CNCCBIM-zhouAirport.cfg
- CNCCBIM Examples.cfg

附图 2-2　企业标准

至此，鄂州花湖机场数字化工作环境定义完成，接下来可以对跑道中心线、跑道横断面、道面类型等进行定制，提升后期建模效率。

1.创建特征定义

在完成路线建模之前，要针对路线进行特征定义关联，只有在设置好关联关系后，系统才会默认进行路线创建。创建特征定义的具体操作为：

（1）打开配置文件

启动软件，选择合适的 WorkSpace 和 WorkSet，如附图 2-3 所示。

附图 2-3　启动界面

点击"浏览"，找到并打开 Features_Annotations_Levels_Elem Temp Metric.dgnlib 文件。路径为 C:\ProgramData\Bentley\CNCCBIMOpenRoads\Configuration\WorkSpaces\BentleyInc\Worksets\公路项目\Standards \Dgnlib\Feature Definitions，如附图 2-4 所示。

附图 2-4　选择特征定义文件

在软件界面上点选"主页""资源管理器"，如附图 2-5 所示 。

附图 2-5　管理窗口

资源管理器打开后,在CNCCBIMOpenRoads Standards里查看dgnlib文件里的内容, 比如特征定义(Feature Definitions)、特征符号(Feature Symbologies)、标注组(Annotation Groups)以及标注定义(Annotation Definitions)等,如附图 2-6 所示。

附图 2-6　资源管理器

（2）新建特征定义

以路线特征定义为例,介绍创建特征定义的基本流程,如附图 2-7 所示。

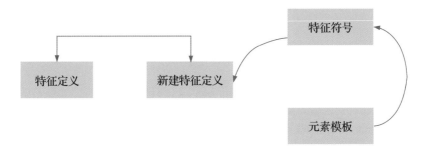

附图 2-7　创建特征定义流程

　　在资源管理器中展开 CNCCBIMOpenRoads Standards,点击当前 dgnlib 文件,展开文件的详细内容,展开"特征定义",找到"路线",如附图 2-8 所示。

附图 2-8　特征管理

点击 ✓　／ 路线　后，能看到该队列下存储的所有的特征定义。

创建特征定义有两种方法：一种是新建特征定义，右键点击 ✓　／ 路线　，在弹出的菜单里选择新建类别或者新建特征定义，设定特征定义名称即可，如附图 2-9 所示。

附图 2-9　新建特征定义

另一种是复制已有的特征定义，找到类似的特征定义，右键复制，然后重命名为"路线中心线"。推荐采用第二种方法，因为可以在现有特征定义属性的基础上进行修改，以避免因设置不完整导致特征定义属性缺失,如附图 2-10、附图 2-11 所示。

附图 2-10 　复制已有特征定义

附图 2-11 　重命名特征定义

选择“路线中心线”,右键选择“属性”,即可查看该特征定义属性(附图 2-12)。说明如下:

附图 2-12 　自定义特征属性

①特征定义

名称种子。利用此功能定义绘制线行时，程序自动为这个线行命名：GeomBL、GeomBL1、GeomBL2……

②项类型

项类型，利用该功能可以为该特征定义添加属性。

③路线

a.廊道模板，即为该特征定义附上横断面模板。目的是利用该特征定义绘制线形时，自动利用已定义的模板创建廊道的三维模型。

b.纵断面特征符号，将特征定义与特征符号进行关联。

c.线性特征符号，将特征定义与特征符号进行关联。

（3）新建特征符号

在特征定义 ✓ ／ 路线 的目录树下，选中"路线中心线"，右键选择"属性"。根据"属性"的提示，分别到线性特征符号和纵断面特征符号队列创建"路线中心线"特征符号，如附图 2-13 所示。

附图 2-13　定义特征属性

点选"特征符号"，找到"线性"—"Alignment"，复制 Geom_Baseline 并改名为"路线中心线"。收起"线性"，点选"纵断面"，在 Alignment 目录树下复制 Geom_Baseline 并改名为"路线中心线"，如附图 2-14、附图 2-15 所示。

附图 2-14　定义线性特征符号

附图 2-15　定义纵断面特征符号

"线性"特征符号属性(附图 2-16)说明如下：

附图 2-16　线性特征符号属性

①平面图

在平面图里不仅可以定义平面线的标注风格,而且也可以定义平面线的直线段、圆弧段和缓和曲线段所用的颜色、图层、线型、线宽等。

a.标注组,定义平面线所需要的标注风格。

b.元素模板,即平面线直线段所对应的元素模板。

c.弧元素模板,即平面线圆弧段所对应的元素模板。

d.缓和曲线元素模板,即平面线缓和曲线所对应的元素模板。

②平面交叉点投影至其他剖面

在路线纵断面设计中,当需要把与该路线相交的路线的交叉点投影出来时,这些交叉点在纵断面设计视图里的表现形式,如颜色、线型等需要在对应的元素模板里设置。

③三维

元素模板,定义路线中心线在 3D 视图的显示样式。

"纵断面"特征符号属性(附图 2-17)说明:

附图 2-17　纵断面特征符号属性

①标注组,与纵断面出图后的标注样式进行关联。选中后,通过下拉框选择标注样式。

②纵断面的元素模板和曲线元素模板,用来定义纵断面里直线、曲线的图层、颜色、线型、线宽等内容。

（4）新建元素模板

点击"主页"，通过"元素模板关联"的下拉框找到"管理"并点击，即可打开元素模板，如附图 2-18 所示。

附图 2-18　元素模板

元素模板可以定义元素的属性，一个模板可同时存储多个元素属性。用户可以设置通用属性（如层、颜色、线型和线宽）、闭合元素属性（如区域和填充色）等，如附图 2-19 所示。

附图 2-19　元素模板属性

在元素模板对话框里，可以按照项目要求新建模板组和模板。为了方便查找和后期调用，在元素模板的 Linear 文件树下，Alignment 文件夹里创建特征定义所需要的元素模板："路线中心线""路线中心线缓和段""路线中心线圆弧段"。

新的特征定义"路线中心线"需要一个新的图层时，在层管理器 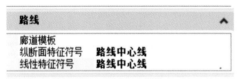 ▼里，新建图层为"路线中心线"，并在元素模板里，将新建的元素模板与新建的图层关联上。比如在左边对话框里选中"路线中心线缓和段"，在右边对话框的基本设置里，点击层的位置，弹出下拉框，选中"路线中心线"图层即可。颜色、线型等设置可以按层设置，也可以在对话框里进行单独设置。比如，颜色选择 4 号色，如附图 2-20 所示。

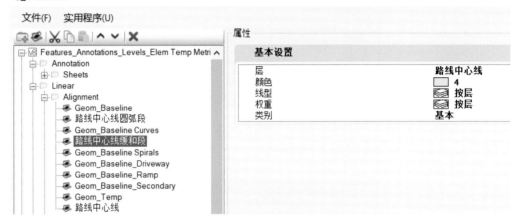

附图 2-20　元素模板属性定义

（5）关联

特征定义、特征符号以及元素模板分别创建完成后，最后的关键工作就是把三者关联起来。只有将特征符号、元素模板关联到特征定义上，此特征定义才能在设计时被使用。关联的步骤如下：

第一步，在资源管理器 CNCCBIMOpenRoads Standards 下找到特征定义"路线中心线"，右键选择"属性"。在属性对话框的纵断面特征符号和线性特征符号两项内分别通过下拉框选择新建的特征符号"路线中心线"，如附图 2-21 所示。

附图2-21　关联特征符号

第二步，在资源管理器 CNCCBIMOpenRoads Standards 下找到纵断面特征符号"路线中心线"，右键选择"属性"，将对应的元素模板与纵断面特征符号相关联。同样的方法，将对应的元素模板与线性特征符号相关联，如附图 2-22、附图 2-23 所示。

当前期工作都做好以后，下面就是进入正式的建模过程了，本次项目实例是鄂州花湖机场项目，场道工程建模包含了原状土体建模、土基层建模、垫层建模、基层建模及面层建模等，但是不管如何建模，按照软件的流程是需要通过特征定义去关联具体属性的，前文已经介绍了元素的定制过程,下面就以西跑道为例进行具体的介绍。

附图 2-22　关联元素模板 1

附图 2-23　关联元素模板 2

附 2.2.2　工作空间托管

基于上文提到的标准创建,接下来要让每个参建方都按照一个统一的标准去执行建模任务,所以当标准建立好后需要通过一个协同管理平台去管控标准,让标段成员按照这一套标准去构建模型,这样才能做到事半功倍。

本部分以鄂州花湖机场的数字化建设为例,机场工程的现场模型深化工作被拆分成了七个标段,每一方都有自己的权限,比如场道一标可以使用协同平台内的各项标准,但是不能够修改其他标段的内容,这就是权限管理体现的一部分。接下来将着重阐述现场是如何借助协同平台来工作的。

以 Bentley ProjectWise(简称 PW)为核心建立的项目信息管理中心和协同工作环境,可以在确保信息唯一性、安全性和可控制性的前提下,实现设计信息方便、准确、迅速地传递。同时,通过 ProjectWise Navigator 模块,用户可实现在线的可视化二、三维校审。

PW 作为企业和项目协同工作的管理平台,将贯穿项目生命周期对所有的信息进行集中、有效的管理,让散布在不同区域甚至不同国家的项目团队,能够在一个集中统一的环境下工作,并通过良好的安全访问机制,使项目成员随时获取所需的项目信息,进一步明确项目成员的责任,提升项目团队的工作效率及生产力。通过这个管理平台,不仅可以将项目中所创造和累积的知识加以分类、储存以及供项目团队分享,而且可以作为以后企业进行知识管理的基础。

以下内容介绍了如何通过PW协同平台,帮助用户对项目中涉及的相关设计标准进行托管,解决以往各项目参与者之间设计标准不统一的问题。通过 PW 平台的工作环境托管功能,帮助鄂州花湖机场项目的多标段、多参与者实现了项目标准的统一管理、实时更新、统一推送,保障了项目标准的高效执行与利用,减少了反复、无效的沟通,极大程度提高了设计人员的沟通效率和设计质量。上传工作环境标准到 PW 平台。

在鄂州花湖机场项目中,首先需要管理员在 PW 平台中,创建用于存储项目标准的目录文件夹,对于不同的专业软件标准,建议管理员创建不同的标准文件夹进行存储,如附图 2-24 所示。

附图 2-24　建立项目标准文件夹

创建完成后,管理员需要在本地的工作环境文件夹中,按照上文中工作环境的定义方法,定义好符合项目标准的 CNCCBIM OpenRoads 工作环境标准,如附图 2-25 所示。

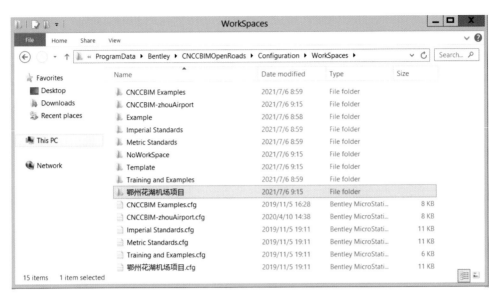

附图 2-25　定制本地项目标准

本地的标准定制完成后，管理员需要登录到 PW 的管理员端，即 ProjectWise Administrator 中，登录对应的项目数据源，在工作空间节点的托管上，通过鼠标右键点击"导入托管工作空间"，如附图 2-26 所示。

附图 2-26　导入托管工作空间

在弹出的向导对话框中,选择"将数据从文件系统导入到 ProjectWise",如附图 2-27 所示。

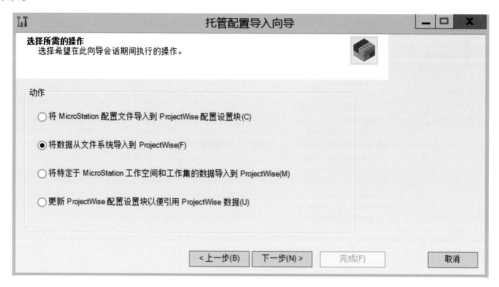

附图 2-27　将数据从文件系统导入到 PW

在"导入和验证 ProjectWise 文件夹结构和文档"页面,管理员在左边的对话框中选择本地文件系统中定制的工作环境目录所在的文件夹,在右边的 ProjectWise 文件夹中,选择到项目标准文件夹下对应的存储目录,点击"映射"按钮,即可将本地文件夹导入 PW 平台,设置完成后,勾选"执行内容验证"复选框,如附图 2-28 所示。

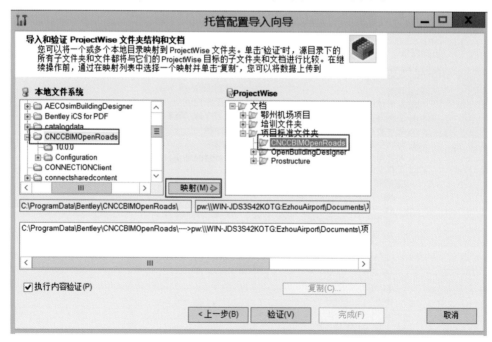

附图 2-28　导入和验证设置

设置完成后，点击下方"验证"按钮，即可开始执行数据的验证和导入，在向导中，可以取消复选框前的钩，以移除 Workspaces 目录下不需要导入的工作环境内容，如附图 2-29 所示。

附图 2-29　根据 PW 验证文件系统结构

设置完成后，点击下方的"解析"按钮，即可完成数据的验证和导入，导入完成后，点击"下一步"完成即可，如附图 2-30 所示。

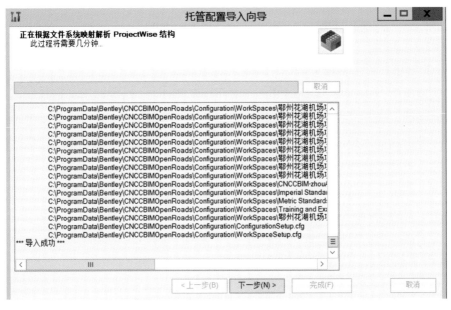

附图 2-30　数据成功导入 PW

导入过程完成后,用户即可在 ProjectWise Explorer 客户端中,项目标准文件夹下,看到导入的项目工作环境标准,如附图 2-31 所示。

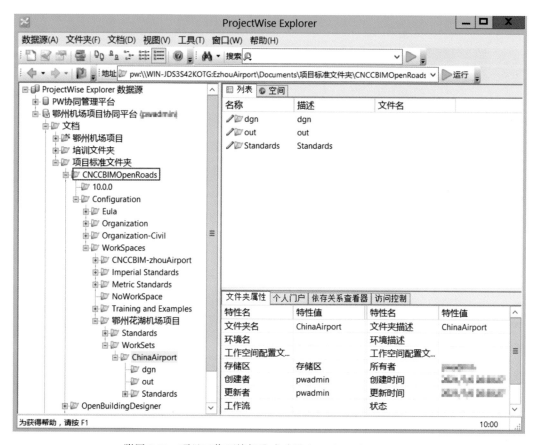

附图 2-31　项目工作环境标准成功导入 ProjectWise Explorer

（1）在 ProjectWise 管理员端创建预定义配置块

默认情况下,CNCCBIM OpenRoads 软件打开文件时,标准调用都是指向本地工作环境文件夹的,因此,在完成项目工作环境标准的文件数据导入后,还需要将本地软件的调用标准由指向本地文件夹改为指向 ProjectWise 中的项目标准目录,这样才能保证专业相关人员使用统一的标准,这个指向由 ProjectWise 管理员端的配置块来实现。

管理员需要在 ProjectWise Administrator 的"工作空间"—"托管"—"预定义"节点下新建一个配置块,并命名,如:CNCCBIM_ Configuration_Root,如附图 2-32 所示。

输入完成后,切换到"配置"页面,点击"+"按钮,选择"添加变量",为配置块添加变量,如附图 2-33 所示。

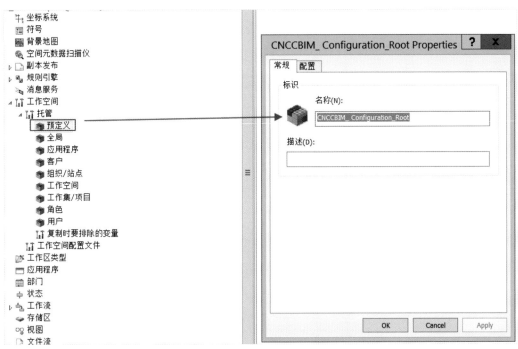

附图 2-32　在 ProjectWise 管理员端新建配置块

附图 2-33　为配置块添加变量

　　在变量输入框中，将变量的名称设置为_USTN_CONFIGURATION，并点击下方的"添加"按钮，在"编辑值"页面，将"值类型"更改为指向"ProjectWise 文件夹"，在"值"项中，点击浏览按钮，选择指向到 ProjectWise 项目标准存储目录下的"Configuration"文件夹，如附图 2-34 所示。

附图 2-34　添加变量并编辑值类型 1

设置完成后,点击"确定"即可。这样,"预定义"节点下的整个工作环境根目录的指向设置工作就完成了。

（2）在 ProjectWise 管理员端创建工作空间配置块

管理员还需要在 ProjectWise Administrator 的"工作空间"—"托管"—"工作空间"节点下新建一个配置块,并命名,如 CNCCBIM_ Workspace_Root,如附图 2-35 所示。

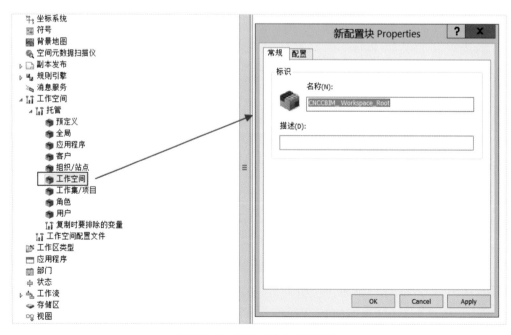

附图 2-35　新建工作空间配置块

输入完成后,切换到"配置"页面中,点击"+"按钮,选择"添加变量",为配置块添加变量,在变量输入框中,将变量的名称设置为_USTN_WORKSPACENAME,并点击下方的"添加"按钮,在"编辑值"页面,"值类型"为"字符串",在"值"项中,需要输入之前在本地定制的 Workspaces 的名称,如定制的 Workspace 名字为"鄂州花湖机场项目",此处也需要和本地名称保持一致,如附图 2-36 所示。

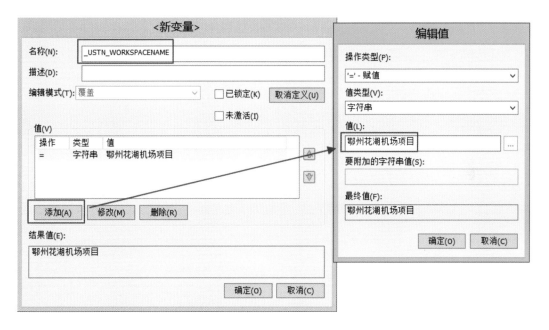

附图 2-36　添加变量并编辑值类型 2

　　设置完成后,点击"确定"即可,"工作空间"节点下的工作空间目录的指向设置工作就完成了。

　　(3)在 ProjectWise 管理员端创建工作集配置块

　　除此之外,管理员还需要在 ProjectWise Administrator 的"工作空间"—"托管"—"工作集/项目"节点下新建一个配置块,并命名,如 CNCCBIM_ Workset_Root,如附图 2-37所示。

　　输入完成后,切换到"配置"页面中,点击"+"按钮,选择"添加变量",为配置块添加变量,在变量输入框中,将变量的名称设置为_USTN_WORKSETNAME,点击下方的"添加"按钮,在"编辑值"页面,"值类型"为"字符串",在"值"项中,需要输入之前在本地定制的 Workset 的名称,如定制的 Workset 名字为"ChinaAirport",则此处也需要和本地名称保持一致,如附图 2-38 所示。

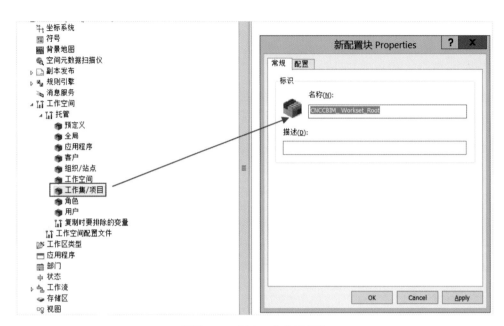

附图 2-37 创建工作集配置块

附图 2-38 添加变量并编辑值类型 3

设置完成后,点击"确定"即可,"工作集"节点下的工作集目录的指向设置工作就完成了。

(4)在 ProjectWise 客户端项目中应用配置块

当 ProjectWise 管理员端的配置块设置完成后,需要管理员到 ProjectWise 客户端找到对应项目下要应用此标准的专业工作目录,可在文件夹的属性中,找到"工作空间"页面节点,将管理员端设置的三个托管配置块应用到此文件夹下,在默认情况下,如果该文件夹有子文件夹,则子文件夹可自动继承这些托管的配置块,如附图 2-39 所示。

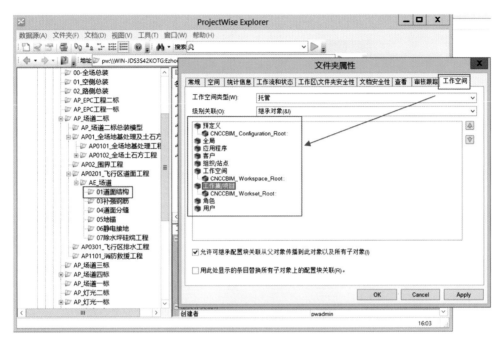

附图 2-39　为专业文件夹应用托管配置块

设置完成后,点击"OK"即可确认应用。当设计人员用 CNCCBIM-OpenRoads 设计软件打开该文件夹中的 dgn 格式文件时,系统将自动向设计人员推送管理员定制好的工作环境,如附图 2-40 所示。

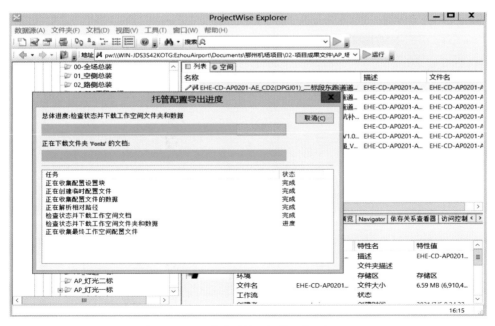

附图 2-40　系统自动推送托管工作空间配置

由此，当不同专业的设计人员在打开文件时，就可以使用管理员定制好的统一的项目设计标准了，极大程度降低了标准不一致所导致的错误发生的概率。

附 2.3　CNCCBIM OpenRoads 场道工程建模详细过程

花湖机场场道工程建模流程如附图 2-41 所示。

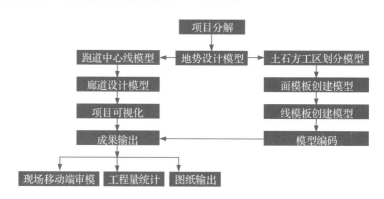

附图 2-41　场道工程建模流程

附 2.3.1　地形模型创建

数字地形作为工程设计的基础数据环境，可以通过多种方式进行创建，也可以通过特征定义显示多种工程信息。地形模型是根据正在建模的表面点数据，以数学方式计算的一组三维三角形。模型用于定义高度不规则的表面，尤其是地表现状面，也可以为设计场地生成模型。地形模型也称为数字地形模型（DTM）、三角形化不规则网络（TIN）或三角形化曲面。

地模创建过程中常见选项包括"附加到现有地形""三角网选项""最大三角形长度""特征定义"。

①附加到现有地形。当创建新的地形模型时，如果当前文件中已经存在地形，该选项决定是否将新地形与已有地形进行合并。

②三角网选项，包括"无或不删除"选项，指不删除外部三角形；"删除裂片"选项，指基于软件内硬编码的公式，消除长而细的三角形；"最大三角形长度"选项，指删除外边界长度超过用户指定距离的外部三角形。"最大三角形长度"选项不适用于内部三角形，仅适用于模型边界上的三角形，以主单位指定最大三角形长度。

③特征定义：工作空间中定义的地形显示样式，即当地形创建或者刷新后的显示状态，如附图 2-42 所示为现有三角网地形，地形创建完成后，会按特征定义中的相关属性显示三角网的地形。常用特征包括三角网、等高线、高程点、边界、水流方向等，具体的

显示也可以在地形属性中进行修改。

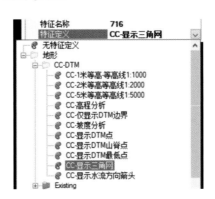

附图 2-42 地形特征

本次鄂州花湖机场数字地形模型，通过勘测单位提供的原始地形数据进行了地势设计，在 CNCCBIM OpenRoads 软件中，我们直接参考地势地形，通过地势地形提取相关等高线及高程点生成地势数字模型。

现有勘测数据通过图形文件表达时，利用图形过滤器的创建方式能够快速从众多的图形中筛选出可用的对象并进行原始地形的创建工作。通过图形过滤器创建地形主要包含三部分：过滤器管理、创建过滤器和创建地形。

（1）过滤器管理

主要根据原始素材的性质创建不同的过滤器，为创建操作提供原始的素材管理。以创建等高线过滤器为例：选择新建过滤器，系统打开新的界面，过滤器的名称和描述内容可以根据项目或者使用习惯自定义，但是特征定义的类型一定要选择正确，因为特征类型不同直接影响到系统创建地形的数据。选择特征类型为"等高线"后，点击"编辑过滤器"，打开编辑状态，编辑过滤器主要包含了图形元素中主要的属性信息，如颜色、图层、线型、线宽、元素类型等，根据原始数据决定进一步的操作，如附图 2-43 所示。

（2）创建过滤器

在已知对象信息的情况下可以选择主要属性，如图层、元素类型等快速编辑过滤器；如不能明确等高线信息可以采用"通过选择"，系统自动读取被选中对象的相关信息并显示在属性框中，此时可以通过取消非必要性条件，得到过滤器的属性设置。如附图 2-44、附图 2-45 所示，原始测绘数据的等高线位于 DGX 层中，且为"B 样条曲线"，既可以手工选中，又可以自动拾取。一般项目中只需保留图层、元素类型即可，特殊的项目数据（高程点）可以考虑选中"单元名"。在利用原始图形素材创建数字地形过程中，原始数据的准确性直接影响到地形的准确与否，而实际项目中不可避免地会存在错误数据，尤其是高程点和等高线的实际高程，所以当直接利用现有图形创建地形后，若发现有大量异常点（通常是没有给定实际高程，图形中对象高程为 0），可以通过过滤器中的

"高程排除"选项筛选异常高程数据,保证地形的准确性。

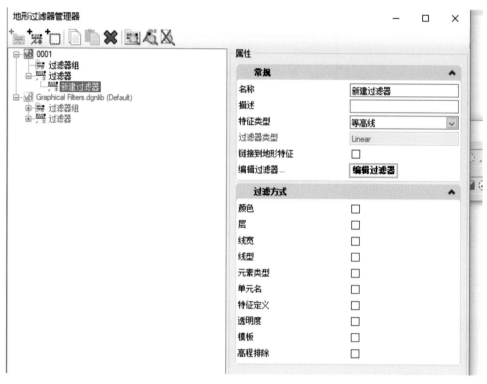

附图 2-43　地形过滤器管理器

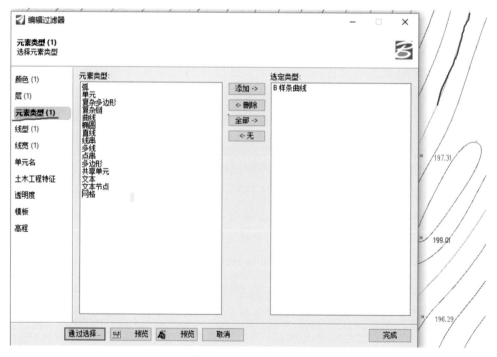

附图 2-44　编辑过滤器

附图 2-45　增加过滤条件

图形过滤器可以控制点、线、文本等过滤条件,但是当原始测绘数据中存在多种信息的时候,单一过滤器不能过滤全部所需对象,此时需要创建"过滤器组"。过滤器组即将多个过滤器组合,在执行创建地形操作的时候,同时有多个过滤器创建数字地形,如可以创建等高线和高程点的过滤器组,同时执行对测绘数据的多重过滤,如附图 2-46所示。

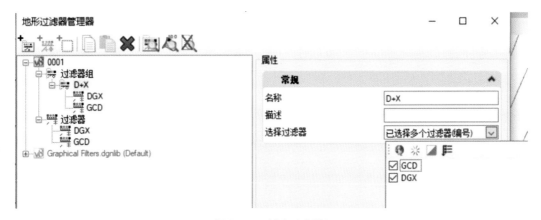

附图 2-46　创建过滤器组

(3)创建地形

选择通过图形过滤器创建地形,在控制界面选择过滤器或者过滤器组,设定相关选项即可得到地形,如附图 2-47 所示。

确定过滤器以及相关选项设置以后,按照系统提示,完成地形创建即可得到三维地形,如附图 2-48 所示。

附图 2-47 通过过滤器组创建地形

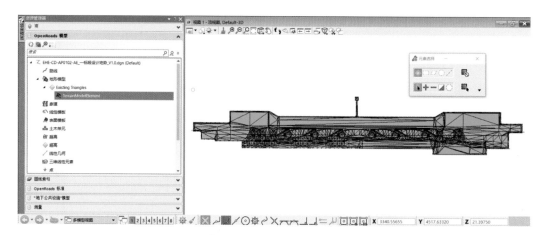

附图 2-48 西跑道地势模型

附 2.3.2 跑道中心线路线设计

路线设计通用工具包括导入和导出,设计元素、特征定义的选择,规范文件的选择以及土木精确绘图控制等,一般机场的跑道中心线比较平顺。在鄂州花湖机场项目中,可以直接绘制路线,也可以导入路线数据,软件提供了丰富的路线设计接口,本部分分积木法创建路线及导入法创建路线两块内容介绍路线设计的方式。

1.积木法创建跑道中心线模型

平面文件创建主要分积木法和交点法两种,应根据设计项目的实际情况选择不同的创建方法。

积木法可根据控制调整创建独立的曲线元素,包括直线、缓和曲线、圆曲线,利用积木法工具将分散的路线元素进行串联,得到一个平面线元素。此方法多用于交点法不能布置或利用图形导入等形式得到的模型要进行分解、编辑的路线创建。积木法工具有以下几种。

（1）连接

将已有元素作为终点，创建新的元素与之相连。例如，已有一段直线段，需要创建某个元素（圆曲线或新的直线）连接到此直线段上可以采用此工具。如附图 2-49、附图 2-50 所示，箭头所指部分为新建内容。

附图 2-49　直线连接　　　　　附图 2-50　曲线连接

（2）延长

将已知对象作为起点，向前进方向新建对象，如附图 2-51、附图 2-52 所示。

附图 2-51　直线延长　　　　　附图 2-52　曲线延长

（3）插入

已知两个对象，以多种不同形式的元素插入以便将两者连接到一起，根据设计所需指定不同的插入形式及对应的参数，如附图 2-53、附图 2-54 所示。

附图 2-53　插入圆弧　　　　　附图 2-54　线形调整选项

（4）修剪/延长

该工具针对两个元素在插入其他元素后是否调整剩余的部分以保证线路的连续性，可针对两个元素分别进行操作亦可以同时操作。

（5）过渡段

连接两个元素之间的曲线参数，"后"指的是先选择的对象，"前"指的是第二个对象部分的参数。当插入的元素确认后，在模型中选中对象，可以直接在对话框中修改参数，也可以在属性框中修改以满足不同使用习惯和需求。

以插入"直-缓-圆-缓-直"为例,选择弧→插入"直-缓-圆-缓-直"曲线→设定相关参数→选定第一个元素→选定第二个元素→确认参数完成操作,如附图 2-55、附图 2-56 所示。

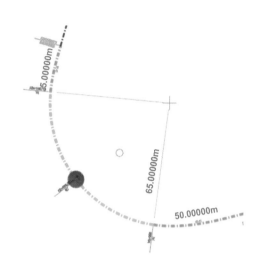

附图 2-55　平面元素属性　　　　　　　　　　　附图 2-56　平面元素参数

"直-缓-圆-缓-直"插入方式如下:

①选择对应命令。

②选择第一个元素,并设置插入对象与第一个元素的偏移距离,可以从模型中捕捉调整,也可以输入具体数值,如附图 2-57 所示。

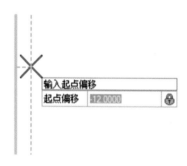

附图 2-57　偏移参数

③选择第二个元素,并设置插入对象与第二个元素的偏移距离。

④两个元素选择完成以后,可以在对话框中输入后(前)渐变的信息,有三种格式可以选择:长度-比率、长度-偏移、比率-偏移。给定相关设计参数,如无须设置,可选择"无"。

⑤依照设计需要定义后(前)过渡段参数,过渡段分为缓和曲线和圆曲线两类,缓和曲线参数包括长度、A 值、偏转、增量 R,圆曲线参数包括长度、偏转、增量 R。如无须设置,可选择"无"。

⑥设定圆弧半径；设定修剪方式后完成创建，如附图 2-58 所示。

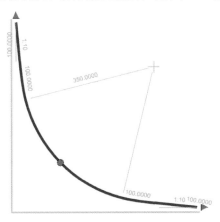

附图 2-58　插入平面元素

（6）圆弧延长

相比其他延长工具而言，圆弧延长可以根据参考对象的设定点控制相切作为基准元素进行圆弧的定义，可以应用于相对简单的从已知对象偏移出控制点然后得到新的路线，而不局限于某个元素的顺序延长。

①选择命令图标，选择参考元素。

②通过光标移动或者直接输入偏移值并确认，如附图 2-59 所示。

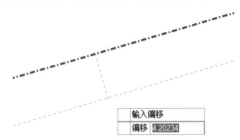

附图 2-59　设定偏移值

③移动光标调整曲线方向和圆曲线半径，并点击确认，如附图 2-60 所示。

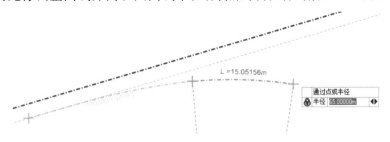

附图 2-60　设定延长参数

④定义过渡段的类型和相关参数，以缓和曲线为例，设定方法和长度完成圆弧延长

的操作,如附图 2-61、附图 2-62 所示。

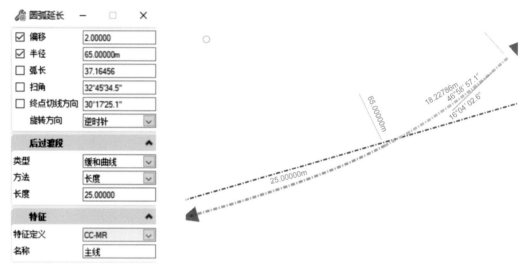

附图 2-61　设定延长参数　　　　　　　附图 2-62　确认延长参数

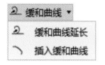

附图 2-63　缓和曲线操作

缓和曲线插入方式:针对已有对象的延长或者两对象之间只连接缓和曲线的操作,缓和曲线的参数主要包括长度、A 值、RL 值,其中长度=缓和曲线长度;A 值=RL 的平方根;RL=半径乘以长度,如附图 2-63、附图 2-64 所示。以缓和曲线延长为例。

a.选择要延长的对象。

b.选择延长的起点位置。

c.参数界面中给定相关参数。其中,旋转方向指缓和曲线的方向为顺时针或逆时针;终止半径指缓和曲线的终点位置的半径,终止半径和缓和曲线的参数共同决定缓和曲线的终点方向。

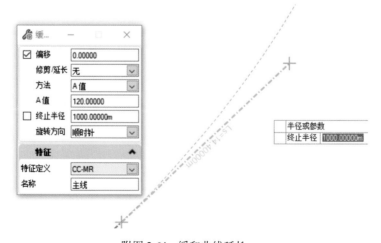

附图 2-64　缓和曲线延长

d.确定相关操作得到所需元素。

利用不同的方法创建的平面线元素在模型中虽然可以单独选择并编辑属性,但是因为各自独立,所以不是完整的路线。平面线元素创建完成之后要针对路线进行路线的合并,即把多个元素串联成一个对象。

2.导入法创建跑道中心线模型

导入法主要针对平面线文件的导入,当路线为 dwg 或者 dgn 文件的时候,可以直接将元素选中,以图形导入的形式进行快速创建线路,进而进行线路的编辑和调整。

a.同条路线的几何要素连接成一条线性元素。

b.选择"标准"工具栏中"创建土木规则",此操作意在将普通的线条附加上土木信息,得到工程路线。

c.按照命令提示选择需要附加土木规则的对象,选择完成后重置即可完成图形文件的转化。

注意:因 dwg 和 dgn 都没有缓和曲线的概念,所以对于路线的缓和曲线部分需要在导入后重新定义缓和曲线参数,导入的为离散的直线。

附 2.3.3 纵断面设计

平面线设计完成后,接下来的工作是进行纵断面的设计。纵断面设计依照平面线与数字地形结合后的关系进行竖向设计,将平面线对应的地面线高程反映到竖向设计的模型中能够辅助使用者进行优化设计,且当平面线在设计过程中有改线要求时,竖向模型能够实时体现变化并提供新的参考。一条中线平面确定后,往往会考虑到各项指标以及实际的情况进行方案比选,在方案比选阶段会比较线之间的工程量、项目效果,同一条平面线往往会有 3~5 个比较方案,对后期的道路模型创建进行比较。在系统中可以同时创建多个纵断面,可以在竖向设计模型中同时展示不同表面,如原始地形、设计地形、不同地质结构层及其他相关的三维设计模型均可在竖向设计模型中进行体现并参与到设计的过程控制中。

在纵断面设计模型中,可以通过"激活"不同的纵断面,与平面线结合得到不同的三维线形,进而影响后面的"廊道",包括工程量、项目效果、项目可视化展示等,而这些只需在纵断面模型中选择不同的纵断面设计线点击"设为激活纵断面"即可自动完成后续的工作。CNCCBIM 支持同时打开 8 个视图,而 8 个视图可分别显示不同的设计内容。例如,在某个设计项目模型打开的状态下,视图 1——平面;视图 2——纵断面;视图 3——三维轴测;视图 4——指定桩号横断面;视图 5——超高设计模型……多个视图显示的内容均为当前设计模型的不同内容,而整个模型设计过程中调整设计参数,相关内容会自动刷新得到新的成果,能够真正实现设计联动性,达到即改即现、所见即所得的效果。

纵断面设计中不同的对象之间可以通过约束关系进行竖向关联，类似于平面设计中的各个元素之间的规则，对于逻辑性、原则性强的设计可以通过平面线、纵断面进行双向约束，从而实现控制性条件发生调整后相关联的对象在原则约束下进行自动适应，减少重复的人工干预操作，提升变更效率，保证设计原则，控制设计质量。

纵断面设计过程主要包含几个方面：纵断面设计模型打开及已有内容显示；纵断面线形定义及调整；纵断面模型的衍生应用。以下针对不同的设计内容逐一说明和操作，通过对功能的理解结合专业知识完成路线设计过程中的纵断面设计和数据复用。

1.打开纵断面设计模型

平面设计有了雏形后，平面线投影到数字地形上的地面线及相关的竖向元素可以根据需要进行显示作为纵断面设计的参考对象。选中平面线元素时，系统自动在光标处显示常用命令，可以在此处选择打开纵断面视图，此时系统提示"选择或打开视图"，该提示的意思是将纵断面设计模型显示在某个视图中，既可以直接点击当前的平面线视图，也可以在视图创建区从 8 个视图中选择一个，然后单击确认键，系统会自动将相关信息投影创建到指定的视图中。根据使用习惯，也可以直接在垂直设计功能区中选择相同的图标命令进行同样的操作。选择"打开纵断面模型"，按照系统提示选择需要打开纵断面模型的平面线元素，然后执行选择视图并确认的操作。

利用常用命令和标准图标命令执行的流程稍有不同，前者的操作是先选择元素，然后从支持的常用命令中选择以进行下一步的操作；后者是先选择命令，然后选择元素。相比之下，常用命令能够提升设计速度，快速选择需要进行的操作，如附图 2-65 所示。

附图 2-65　打开纵断面模型

如果当前设计模型中存在地形模型或者参考了地形模型，可以选中地形元素，然后将其作为激活地形，则纵断面视图中会自动出现该激活地形对应的地面线信息；同时也可以切换到"地形"工具栏选择"激活"，实现对选中的地形模型的激活操作，如附图 2-66 所示。

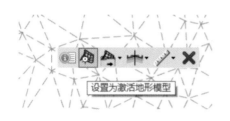
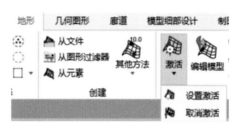

附图 2-66　模型中激活地形

2.显示设计模型参考数据

纵断面设计模型打开后,初始状态是将平面线型的信息通过分色进行区分和定义,同时纵轴显示高程信息,横轴显示桩号信息以便进行纵断面设计的定位,如附图 2-67 所示。

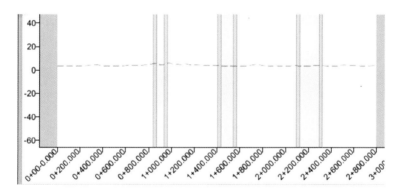

附图 2-67　纵断面设计模型

纵断面设计模型的视图右上侧有针对纵断面的创建以及参考数据显示的功能。纵断面工具里第一个功能"快速剖切地面线",可以手工选择需要显示的表面投影,激活地形可以不用选择,当模型环境中有多个参考表面的时候可以通过此功能实现激活地形以外的表面模型的投影对比,通过重置操作结束选择,如附图 2-68、附图 2-69 所示。

附图 2-68　纵断面常用工具

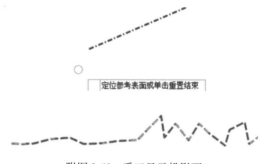

附图 2-69　手工显示投影面

3.积木法创建纵断面

纵断面的设计可以按照不同类型、不同限制条件的平面线选择不同的设计方式。既可以先进行纵坡设计，按设计要求确定纵坡后，添加竖向曲线的定义，再串联成纵断面设计模型；又可以直接按照竖曲线边坡点及竖曲线参数进行竖向设计，直接得到一个完整的纵断面设计模型。

采用积木法进行竖向设计的时候，先利用直线工具进行拉坡设计（附图 2-70），然后对纵坡插入竖曲线，最后将纵坡切线、竖曲线首尾相连得到最终的纵断面设计模型。

附图 2-70　直线工具拉坡设计

（1）直线坡

纵断面设计中的拉坡定义。在进行纵坡设计的时候，可以将土木精确绘图激活，精确输入相关设计参数，如路线准确桩号对应精确高程，可以在窗口中直接定义（附图 2-71）。纵断面设计过程中的桩号定义既可以直接输入桩号，也可以将光标移动到平面视图中（不点击，只移动到平面视图，系统会自动识别光标所在视图内容），对桩号进行捕捉（既可以是平面线上特殊的位置，也可以是通过相关参照物投影到平面线上的桩号，附图 2-72），对话框中桩号自动随光标捕捉而变化，确定桩号时按回车键锁定桩号，此时平面、纵断面中均可以看到锁定桩号的位置，将光标移动到纵断面视图中，利用光标上下移动可以捕捉高程控制信息，通过回车键确定高程的捕捉信息。桩号和高程均锁定后，光标在纵断面视图中任意位置点击即可得到纵坡的一点。

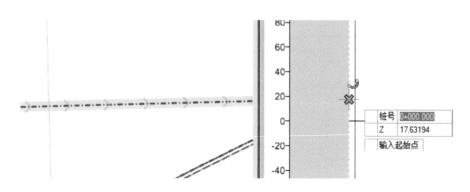

附图 2-71　直接输入准确信息

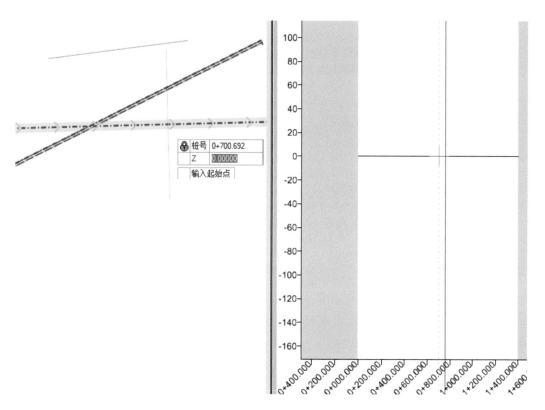

附图 2-72　自动捕捉平面图中桩号

　　确定直线坡的起点后,可以通过两种方式实现纵坡的创建:①通过定义点的形式得到第二个点,进而得到纵坡并自动计算纵坡和坡长;②通过设定坡度、坡长等参数得到纵坡。参数的输入既可以在窗口中给定,也可以在光标的跟随窗口中通过 Tab 键结合左右方向键快速切换输入的内容。注意:当输入纵坡锁定坡度和坡长时,如果需要编辑数据则只能修改坡度和坡长,变坡点的桩号和高程是自动计算得到的,但如果采用拖动图形的方式进行调整则不受此限制,如附图 2-73 所示。

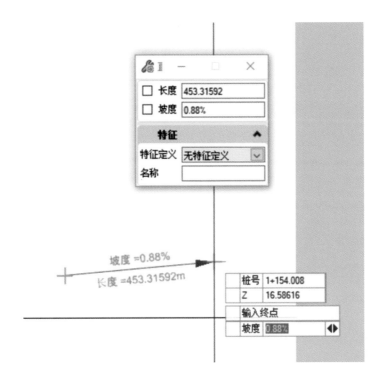

附图 2-73　定义坡度

（2）曲线

纵断面设计曲线主要包括抛物线和圆曲线。目前多采用圆曲线形式，可针对已知对象进行竖曲线元素的连接和延长，同时也可针对已知的纵坡切线进行插入圆曲线的操作。

①连接或延长：以已知纵坡为例，选择"任意竖曲线延长"，可通过控制窗口进行参数设定或者采用动态光标移动实现竖曲线的创建。实施功能过程中要注意系统提示，按步骤实现竖曲线的创建，如附图 2-74、附图 2-75 所示。

操作过程：选择参考元素（延长或连接的对象）—捕捉（设定）延长（连接）的偏移量—指定起点（终点）—设定曲线参数—设定终点（起点），完成竖曲线的延长或连接。

②插入竖曲线：插入曲线的操作相比于直接定义曲线要方便快捷，此功能的目的是在两个元素间创建竖曲线。

附图 2-74　创建曲线

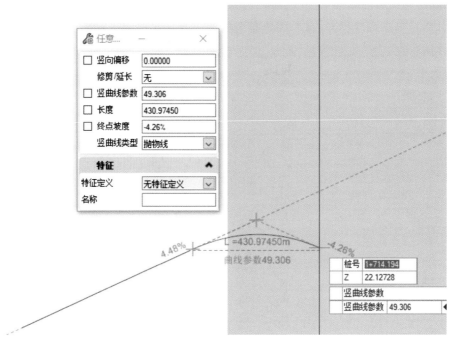

附图 2-75　定义曲线参数

　　激活插入任意竖曲线命令，根据窗口提示可设定相关参数信息，如前所述，参数信息既可在窗口设定也可以在光标跟踪栏中直接输入，主要根据项目要求和现状对纵断面设计的限制决定，如附图 2-76、附图 2-77 所示。

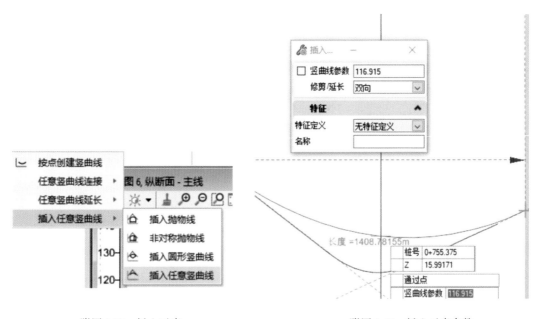

附图 2-76　插入元素　　　　　　　　　　　　附图 2-77　插入元素参数

参数窗口针对插入的竖曲线类型、参数、前后偏移进行定义，其中曲线参数和长度二者定其一即可确定相关内容。激活命令后，按照光标提示选择需要插入的曲线的第一个元素，如附图 2-78、附图 2-79 所示。

附图 2-78　插入曲线参数

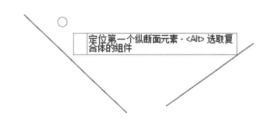

附图 2-79　选择元素

选择第一个纵断面元素之后，系统会提示竖曲线的切线与参考的纵断面元素之间的偏移距离，第一个元素对应的提示为"后竖向偏移"，第二个元素对应的提示为"前竖向偏移"。常规的竖曲线设置是与已知纵坡相切的，所以建议输入值为 0。当分别选择两个纵断面元素且设置对应的偏移值后，接下来的内容就是确定竖曲线，系统可自动根据"通过点"结合两个对象的相切确定曲线，同时如前所述，可以通过竖曲线参数或曲线长度来定义竖曲线位置和大小，如附图 2-80 所示。

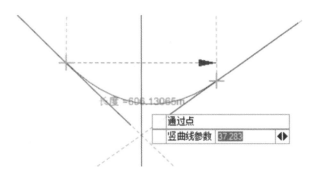

附图 2-80　定义曲线

竖曲线位置和大小确定后，最后一步是确定是否对原有的切线进行修剪或延长（附图 2-81），因为设定竖曲线的参数后，曲线的起终点很难与切线的起终点完全重合，所以需要对切线进行修剪或延长，类似在普通作图中的两个直线间插入圆弧的操作，在 Civil 软件中，此操作不但实现对两条线的修剪，而且绑定曲线与两条线之间的关系，进而在后期的应用中自动调整（切线夹角变化曲线变化）和主动调整（直接修改曲线参数重新修剪切线得到新的竖曲线），附图 2-82 中曲线外侧的线为虚拟的切线的已经修剪掉的部分，选择曲线的时候对应曲线的参数显示并支持模型中调整。

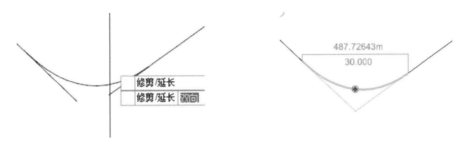

附图 2-81　确认元素调整方式　　　　　附图 2-82　创建完成

如前操作多个纵断面元素创建完成后，在纵断面模型中可以看到多个独立（内部存在相互依赖关系）的元素，将众多的纵断面元素进行连接是完成该纵断面设计的关键步骤，如附图 2-83 所示。

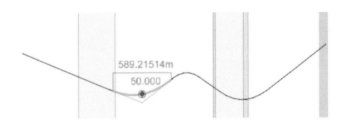

附图 2-83　纵断面元素

点击"复杂几何图形"中的按"按竖曲线单元创建纵断面"，设置内容主要包括连接的方法和特征定义。特征定义的作用和设置方法在前文已经解释，在此不再赘述，考虑到后期的自动出图，建议特征定义按照工作空间说明文件中指定对应的特征以实现高效出图，如附图 2-84、附图 2-85 所示。

附图 2-84　选择命令　　　　　　　　附图 2-85　设置条件

操作过程中，注意系统提示，选择纵断面的起点元素，系统会自动进行串联预览（方法选择自动，如选择手动需逐个进行元素的选择），如无异议点击确认键，完成纵断面的创建，如附图 2-86、附图 2-87 所示。

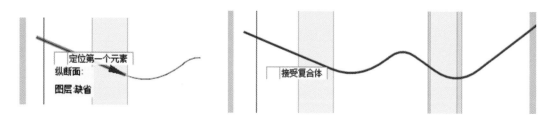

附图 2-86　选择起点　　　　　　　　　　附图 2-87　结果预览

纵断面通过串联元素创建完成后,选择该模型则整体显示设计元素的属性信息,可以通过模型直接调整或者属性调整实现纵断面的优化,如附图 2-88 所示。

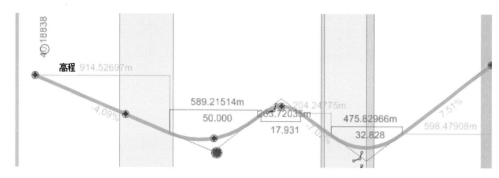

附图 2-88　创建完成

4.交点法创建纵断面模型

纵断面设计另外一种主要方式为交点法,其原理与平面线交点法相似,在设计过程中通过捕捉或者输入精确纵断面信息确定变坡点的信息,设置变坡点的竖曲线参数得到对应竖曲线,变坡点逐个定义完成后以重置命令结束此操作,完成纵断面设计工作。

采用交点法进行纵断面设计建议打开土木精确绘图,便于准确定义变坡点参数,主要参数包括竖曲线参数、曲线长度、坡度、竖曲线类型。激活命令后,首先定义参数,然后按照光标提示确定第一个点的桩号和高程,点击确认键(通常是左键)确认当前的输入,如附图 2-89、附图 2-90 所示。

附图 2-89　参数界面

附图 2-90　参数调整

当系统提示"输入下一个 VPI"时,定义第二个变坡点(可以通过坡度和坡长或者直接定义桩号和高程),可以通过 Tab 和←→键调整参数信息,当第二个点定义完成后,从第三个点开始曲线相关参数根据前一点进行设置,如第三个 VPI 点,曲线长度或者曲线参数是根据第二个点确定的,如附图 2-91、附图 2-92 所示。

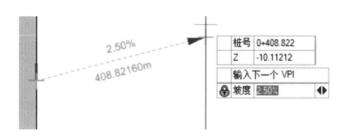

附图 2-91　确定坡度

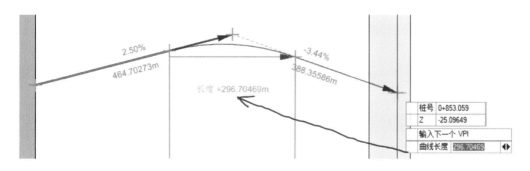

附图 2-92　确定竖曲线

依次确定相应的变坡点位置和曲线参数后,以重置命令结束命令,得到整条线路的纵断面设计,如附图 2-93 所示。

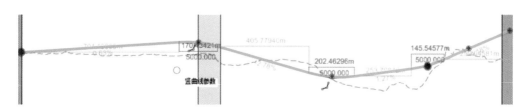

附图 2-93　完成模型创建

注意:交点法设计的纵断面模型,选择纵断面提示的系统参数有两种类型,一类是浅色参数,一类是高亮状态参数。浅色参数为自动计算得到的数值,如两个变坡点为独立输入的桩号和高程,则该纵坡以及坡长是自动计算的,这类值是不能通过模型调整参数方式调整的;高亮状态参数是前期创建的时候设置的,可以通过此方式进行调整,除了附图 2-93 显示的曲线参数,还包括变坡点的桩号、高程等。当然,纵断面总体模型是可以通过表编辑器进行全面调整的,如附图 2-94 所示。

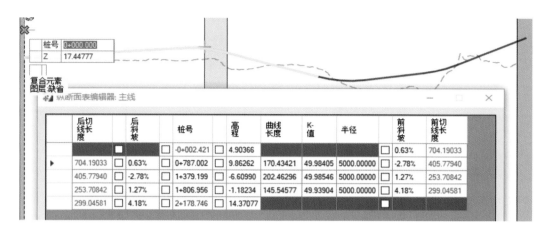

附图 2-94　纵断面编辑

（1）横断面模型建模

模板创建过程包括模板目录创建和模板内容创建。根据不同的使用阶段可以逐渐完善，从项目级的应用累计到企业级的模板库。模板目录创建可以参考模板分类的定义，将组件、末端条件、组装模板分别定义为文件夹进行管理，后期按需求进行优化、组装。模板内容创建首先以项目为依托，优先满足当前项目情况，逐步扩展到设计风格和习惯，最终实现模板直接按需调用，无须新建的程度，形成企业级的模板库。

模板组件由开放或者闭合的点构成，系统新建组件可以选择不同的类别：简单、受约束、无约束、空点、末端条件、重置/剥离、圆。简单组件是由坡度、厚度及宽度构成的平行四边形（四个点构成），可以快速定义类似的结构形式；受约束组件是通过第一个点约束后续点组成的自定义形状，创建之初第一个点控制整个组件中的其他点，此后可以调整约束关系，且要注意在定义约束关系的过程中保证关系是单向的，避免出现循环的约束，如 A 点限制 B 点，B 点限制 C 点，C 点又限制 A 点，如果进行了此类设置，系统会进行提醒以纠正；无约束组件是由没有约束限制的多个点组成的组件，各个点之间没有关系，只是构成组件的基本元素而已，组件内点的移动不影响其他点；空点是与组件无关的点，它的主要作用是为其他的对象提供参考或者限制，不影响模板的形状；末端条件是一类特殊的组件，如前所述，它主要的作用是定义到目标对象上的组件，是根据不同对象自动调整的，还可以用于其他约束组件的定位，在模板组装过程中可以测试末端条件来检测模板的合理性；重置/剥离组件用于处理调平等类似操作，如路基清表的工程量计算；圆组件区别于受约束组件的点与点关联方式，通过圆心和半径控制得到圆形组件。组件的构成形状不受约束，可以根据项目需要和使用习惯定义成各类简单或者复杂的形状，需要明确的是组件中的点的约束关系要明确清晰，如附图 2-95 所示。

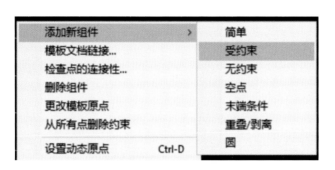

附图 2-95　组件类型

点是构成组件的重要部分,点与点的位置决定组件的形状,点的约束关系决定组件的变化,管理点的变化规则直接影响组件的灵活应用。单个点的约束最多有两个,当点存在两个约束的时候,点的位置在当前的状态下是唯一固定,此时点用红色加号表示;当点的约束为部分限制的时候,以黄色加号表示;点没有约束的时候用绿色加号表示。带有约束条件的点应用到模型中,如果它的父约束点发生变化,该点会随之变化。同理,如果在组件中将约束关系以参数形式(约束标签)添加,也可以在模型中直接创建参数约束(廊道的编辑中解释应用)进行调整。点约束类型主要包括水平、竖向、坡度、矢量-偏移、对表面进行投影、对设计进行投影、平面最大值、平面最小值、纵面最大值、纵面最小值、角度距离,如附图 2-96 所示。

附图 2-96　点约束类型

不同约束关系通过不同的图示显示,在横断面模板界面中可以通过显示约束或者显示组件来更改不同的显示内容。显示组件的方式有利于检查组件的完整性和合理性，约束显示的方式便于了解组件中各个点之间的约束关系，有利于理解整个模板逻辑，如附图 2-97 至附图 2-99 和附表 2-1 所示。

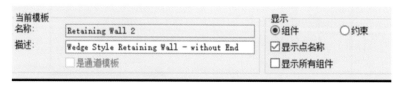

附图 2-97　组件选项

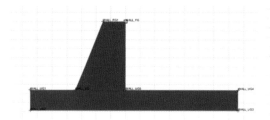

附图 2-98　组件显示模式

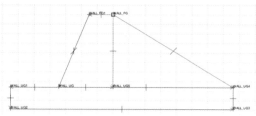

附图 2-99　组件约束关系

附表 2-1　约束说明

约束类型	说明
水平	子点与父点水平相对位置，左侧为负值，右侧为正值
竖向	子点与父点垂直相对位置，下侧为负值，上侧为正值
坡度	子点与父点之间的坡度，从左向右，上坡为正，下坡为负
矢量-偏移	子点与两个父点构成矢量关系，矢量左侧为负，右侧为正
对表面(设计)进行投影	子点投影到已有表面(设计)控制方向，结合其他约束得到子点
平面最大(小)值	子点的水平方向上取两个父点之间最大(小)值的位置
纵面最大(小)值	子点的竖直方向上取两个父点之间最大(小)值的位置
角度距离	子点通过两个父点的连线确定转角方向及一个父点的距离得到

　　矢量偏移约束多用于子点受组件中其他的点构成的矢量控制，可以通过矢量偏移和其他约束条件得到子点。如行车道线是停留到行车道板上且距离某一侧控制点（最内侧行车道边线）一定水平距离。因为行车道线不参与三维路面的建模只用于结果展示，可将该点用此设置实现。角度和距离约束主要针对的是结构整体旋转，自身不发生变化。例如钢轨组件，在模型中钢轨整体进行旋转，但自身内部的相对尺寸和角度不发生变化，可以将两条钢轨连线作为矢量线，进行角度和距离约束得到钢轨的整体旋转。

　　组件作为模板的组成部分，不同的组件设置不同的特征定义和控制条件以实现自动的模型创建。一个模板可以是一个组件，也可以是多个组件的综合。各个组件之间可以通过点约束或者显示规则实现联动和自适应场景模板的应用。例如，填方路段设置护栏，挖方路段不设置护栏或者护栏形式不同,则可以将对应的组件设置"父组件"或者显示规则实现对象的自动创建与否。一个适用性强的模板往往是比较复杂的，而复杂的模板是采用多个相对简单的组件通过约束关系、显示规则等建立起来的,总的来说，模板的创建分三步:创建各类组件(包含末端条件)、拼装组件、测试组装模板。

①创建不同模板分类的文件夹,如组件、末端条件、组装模板,如附图 2-100 所示。

附图 2-100　模板分类

②结构组件创建:以 5m 宽、0.1m 厚半幅行车道为例。点击右键新建模板,指定名称为"5m行车道";模板绘图区右键添加新组件——受约束组件,按照行车道的轮廓绘制四边形,假设从左向右,从上到下,分别为 1、2、3、4,则 1 点为起点(也可以定义为模板原点),2 点受 1 点约束,可设置约束条件为水平为 5,坡度为 -0.02,继续设置 3 点受 2 点约束,设置水平为 0,垂直为 -0.1,4 点默认是受 3 点约束,但是考虑到后期车道宽度会发生变化(廊道编辑功能涉及宽度、坡度等变化),4 点应受 1 点的约束,水平为 0,垂直为 -0.1。至此完成了半幅行车道的组件创建,如附图 2-101 所示。

附图 2-101　点约束

③末端条件创建:以填方两种形式为例,不同的放坡环境选择不同的末端条件。填

方高度在 8m 以内的时候,采用 1∶1 放坡,填方高度大于 8m 时,设置平台后继续放坡,依次类推,如附图 2-102 所示。

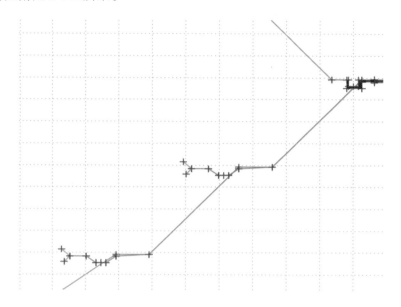

附图 2-102　末端条件

④组装模板:创建 10m 路面宽度和边沟及放坡的道路模板,进行模板测试,达到预期结果,如附图 2-103 所示。

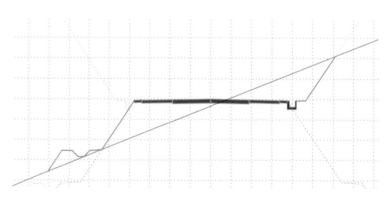

附图 2-103　模板测试

(2)模板的导入

横断面模板可以通过创建不同约束规则的点描述出项目的轮廓实现模板从无到有的过程。当横断面比较复杂或者尺寸不好通过点之间的约束快速创建的时候,可以利用横断面模板的导入功能直接从原始的图形文件中创建模板文件。图形文件既支持已有的原始模板,也可以利用绘图功能新创建的几何图形,通过导入模板的功能快速实现横断面模板的创建和已有数据的利用。

系统中的模板是以组件的形式构成的,断面中的主要结构形式为闭合的多边形,所以如果准备导入的模板是独立的线条,则需要进行预处理,将线条按实际情况进行多边形的构建,使各组成部分均为独立的多边形,清除掉无用的线条和元素以保证在选择内容时选择正确的对象。具体导入的操作如下。

①从文件中选择需导入的模板几何图形,如附图 2-104 所示。

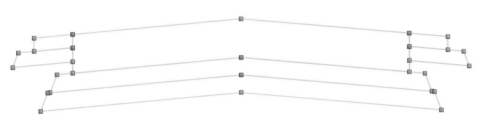

附图 2-104　原始图形

②选择导入模板功能:廊道—创建—模板—导入模板,如附图 2-105 所示。

附图 2-105　选择导入命令 1

③系统显示导入的控制条件:类型——导入的内容只包含模板或是有约束规则,因绘图中不包含 Civil 的专业约束,可只选择模板;竖向比例系数——如平纵比不同,可以设置,建议原图形按 1∶1 绘制;最小弦长——对于非圆形结构,将曲线离散成折线时的弦长,可根据实际情况给定,圆形结构系统直接读取圆形尺寸信息到模板中,如附图 2-106 所示。

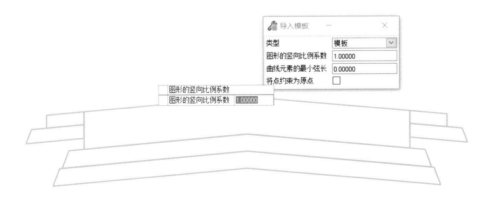

附图 2-106　选择导入命令 2

④确定相应的参数值后，完成导入，可以在模板编辑中对组件的特征、名称及点间的约束进行优化定义，并保存，如附图 2-107 所示。

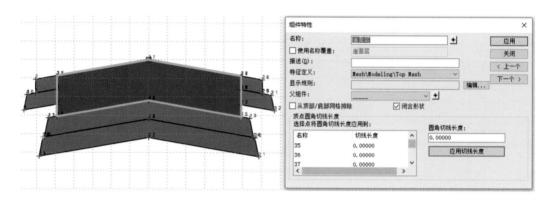

附图 2-107　导入完成

（3）廊道设计

廊道是指整个道路的设计内容，不仅包括路面模板生成的三维模型，同时还包括道路设计中不同断面的应用列表、道路设计中的曲线加宽控制、道路设计中的超高应用、道路设计中的参数约束控制以及所有道路设计相关的控制内容。

廊道设计首先要确定廊道平面设计线以及对应的纵断面设计线，在路线设计中，一条平面线可以对应多条纵断面，在廊道设计时需注意纵断面的选择，创建廊道的时候系统会提示选择纵断面或者采用激活纵断面的方式进行创建；其次廊道的设计根据当前的项目需求可以选择不同的廊道特征，廊道特征包含廊道精度、廊道显示形式、廊道显示内容等，不同的设计阶段对廊道的要求是不同的，这也是廊道特征的重要意义；最后系统会根据之前的设置和定义得到廊道的示意线以及自动弹出下一步创建三维路面的操作。

①廊道创建的两种方法：模型中选中路线利用常用命令直接创建廊道；通过工具栏中常见廊道的命令创建廊道，如附图 2-108、附图 2-109 所示。

附图 2-108　创建廊道快捷命令

附图 2-109　创建廊道工具

附图 2-110　选择元素

②选择廊道创建的纵断面：推荐直接采用激活纵断面的方式创建，以便后期进行方案比选的时候通过快速激活不同的纵断面实现方案的对比，如附图 2-110 所示。

③定义廊道的特征和名称后得到廊道,如附图 2-111 所示。

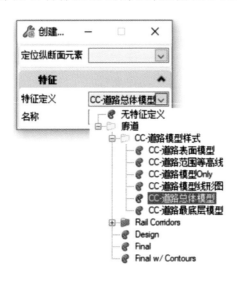

附图 2-111　廊道特征

④不同的廊道的特征定义用于不同的廊道需求,项目实施过程中可预定义廊道特征,亦可在当前特征定义中进行编辑,如附图 2-112 所示。

附图 2-112　廊道属性

说明:廊道在三维模型中是客观不存在的,廊道的展示是通过三维路面的形式进行的,但是廊道管理着众多的三维路面,包括模板及相关的控制参数,所以想要查询廊道的属性信息需要在二维模型中选择对应的对象进行属性编辑和信息查询。

（4）三维道面的创建

通过三维路面实现廊道设计的立体展示，三维路面是横断面模板结合路线中线加上廊道的控制信息得到的三维模型。在廊道创建完成后会自动跳转到三维路面创建窗口；对于已经创建过三维路面的廊道需要增加新的三维路面区间，可以通过工具栏中的创建三维路面功能进行创建。

方法一：廊道创建完成后自动弹出窗口，需要设置选择的横断面模板的使用区间，包括起点桩号、终点桩号、模型精细度（横断面划分间隔），按照提醒设置对应的值即可完成一个三维路面的创建，同时廊道的示意线也会由路线起终点调整为当前三维路面的起终点范围。如继续创建不同的三维路面，则廊道的示意起终点为所有三维路面的最小起点桩号和最大终点桩号范围。

方法二：当某个廊道已经存在部分三维路面而需要创建新的三维路面的时候，对应的命令没有自动弹出，则可以选择工具栏中的创建三维路面的工具，此时需要先选择需要增加路面的廊道，然后与方法一同样的操作，得到新的三维路面，如附图 2-113 所示。

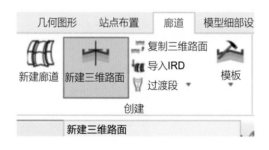

附图 2-113　创建三维路面工具

三维路面创建的设置窗口可以定义要创建的路面的起终点范围、应用的模板、三维路面的模型精细程度、该段路面与前后路面衔接的过渡范围，如附图 2-114 所示。

附图 2-114　三维路面参数

注意：一条路线可以设置多个廊道；一个廊道中同一个桩号范围内只能有一个横断面，当新创建的三维路面与现有的同廊道三维路面有交集的时候，系统会自动按照后创建的三维路面将原三维路面进行分割以保证三维路面不重叠。

（5）三维路面的编辑

路面创建完成后，如需对路面设计进行调整，既可从工具栏中选择"编辑三维路面"，然后选择对应的三维路面进行编辑，又可以先选中三维路面，在快捷菜单中选择"编辑三维路面"，打开横断面模板的编辑界面进行修改。针对三维路面的编辑还有三维路面属性、复制三维路面和模型与库同步等功能，如附图 2-115 所示。

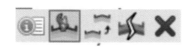

附图 2-115　编辑三维路面快捷工具

①三维路面属性

三维路面属性包含模型精细度，如横断面间隔从 20m 精细到 5m；模板的选择和替换；模板使用的起终点桩号等信息，可以直接在属性栏中修改，模型自动刷新，也可以在模型中选择三维路面后，直接拖动模型起终点句柄完成桩号范围的调整，如附图 2-116 所示。

间隔	25.00000m
模板名称	CC-Demo\16m-无排水沟
平面名称	
描述	
起点桩号	0+244.180
终点桩号	0+421.384

附图 2-116　三维路面属性

②复制三维路面

无须从模板库中选择，只要明确相同的模板的使用区间，即可利用此功能进行模板的快速复用。如模板 A 当前的使用范围为 K1+100～K1+500，新的模板使用区间为 K2+100～K2+500，就可采用此命令快速创建新的路面区间。

③模型与库同步

当模板库中的模板需要变化调整时，可通过此功能快速更新模板，保证模型与库同步。该功能同样也可以用于模板改动比较大后，需要将修改全部撤销以回到初始状态的操作。激活此命令时，如果当前三维路面中的横断面模板已经有修改和调整，系统会弹出提醒框要求确认是否将修改忽略而采用原库中的模板信息，如附图 2-117 所示。

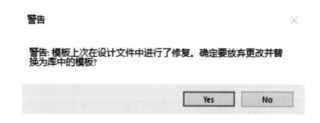

附图 2-117　同步模板提醒

注意："与库同步"和"编辑三维路面"两个功能是相辅相成的关系。当同一文件中大量三维路面均采用同一个模板且后期该模板发生了变化的时候，通过"与库同步"可以快速实现多模型的刷新；当局部个别的三维路面需要单独调整时，可以通过"编辑三维路面"功能实现个例的单独处理。两个功能针对不同的模型修改需求，在使用过程中需要明确二者的区别和关系。

通过编辑路面完成道面模型的创建。本次创建完成的模型是通过廊道设计功能创建的，接下来将针对道面板模型分块、分缝、布设传力杆及拉杆的操作进行详细介绍。

（6）水稳基层建模

水稳基层是机场跑道的基础，可分为水稳碎石基层和水稳砂砾基层，在施工中一般为上下两层。

水稳基层模型的建模方式与廊道建模不同，基层模型更像是一整块地形模型，需要通过面模板的创建方式进行水稳基层模型创建。首先依据前文提到的地势面设计模型向下反一个高程值，通过高程值确定水稳基层顶面高程，其次依据高程值赋予模板，此处说的建模是按照划分工区进行的，最终得到每个工区的水稳基层模型，如附图 2-118所示。

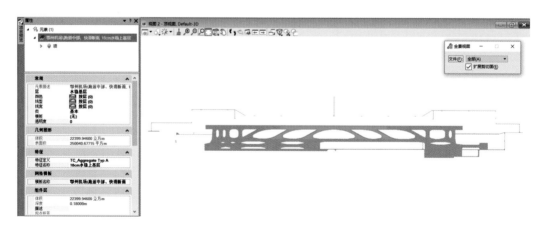

附图 2-118　水稳基层模型

（7）道面分块

西跑道道面模型分块依据《民用机场水泥混凝土道面设计规范》（MH/T 5004—2010）中关于道面板块分块的内容，通过施工图图纸进行道面板块的复合，并针对西跑道道面板块进行建模前的准备工作，包括分块图层的选取、编码类型确定等。

OpenRoads 软件并没有针对道面分块的单独模块，基于 OpenRoads 技术，机场公司定制开发了道面分块功能，通过此功能可以针对道面模型快速分块。

针对道面分块内容，通过程序选择要分块的道面板，在弹出的可视化编辑栏内输入分块方式，在水泥混凝土道面分块时要注意选择的板类似，分块接缝宜采用"井"字形，矩形板分块的平面尺寸按照图纸中的分块要求进行输入，就可以快速将西跑道的道面板进行分块处理，如附图 2-119 所示。

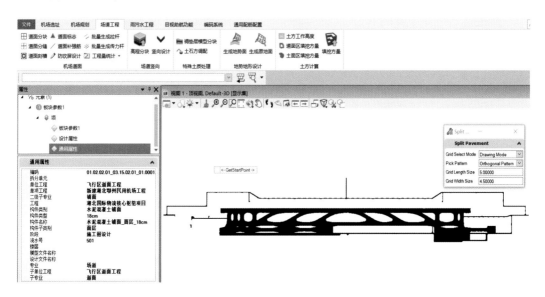

附图 2-119　道面分块模型